2016 年卫星遥感应用技术交流论文集

杨 军 主编

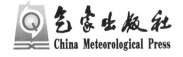

气象出版社
China Meteorological Press

内容简介

本书由"卫星资料在天气分析和海洋气象中的应用"和"卫星资料在环境和灾害监测中的应用"两大部分组成。内容包括卫星资料在短时临近天气预报、海洋气象业务、大气环境监测业务、灾害分析等各个领域的应用总结和讨论。这些内容对进一步推动和提高我国卫星资料特别是风云卫星资料的应用具有重要的指导意义。

图书在版编目(CIP)数据

2016年卫星遥感应用技术交流论文集 / 杨军等主编. --
北京：气象出版社，2017.4
　　ISBN 978-7-5029-6245-6

　　Ⅰ.①2… Ⅱ.①杨… Ⅲ.①卫星遥感-文集 Ⅳ.①TP72-53

中国版本图书馆 CIP 数据核字(2017)第 068831 号

2016 年卫星遥感应用技术交流论文集

杨　军　主编

出版发行：气象出版社		
地　　址：北京市海淀区中关村南大街 46 号	邮政编码：100081	
电　　话：010-68407112(总编室)　010-68408042(发行部)		
网　　址：http://www.qxcbs.com	**E-mail**： qxcbs@cma.gov.cn	
责任编辑：李太宇	终　　审：邵俊年	
责任校对：王丽梅	责任技编：赵相宁	
封面设计：博雅思企划		
印　　刷：北京建宏印刷有限公司		
开　　本：787 mm×1092 mm　1/16	印　　张：12.625	
字　　数：320 千字		
版　　次：2017 年 4 月第 1 版	印　　次：2017 年 4 月第 1 次印刷	
定　　价：80.00 元		

本书编委会

主　编：杨　军

编　委：（以姓氏笔画排列）

王　新　方　翔　方　萌　刘　健　任素玲

李莹莹　张甲坤　张兴赢　郑　伟　唐世浩

蒋建莹　覃丹宇

序

经过近 50 年的发展,我国风云系列气象卫星已经成功实现了业务化、系列化并跨入第二代,形成了多星在轨、组网观测、统筹运行、互为备份的业务格局,成为气象现代化的重要标志。随着生态文明建设等国家重大战略的实施,气象预测预报、综合防灾减灾、应对气候变化和国防建设对气象卫星遥感综合应用提出了更高要求。

按照"持续创新,提质提效"的发展思路,2016 年中国气象局持续积极推进风云卫星健康发展,气象卫星及其应用工作取得了突破性进展。我国新一代地球静止轨道气象卫星——风云四号 A 星成功发射,迄今国内最复杂、最先进的卫星地面应用系统——风云四号 A 星地面应用系统顺利通过卫星发射前测试,目前星地系统运行正常,在轨测试顺利进行。中国首颗全球二氧化碳监测科学实验卫星成功发射,由中国气象局国家卫星气象中心负责建设的卫星地面应用系统按期完成。风云三号卫星地面应用系统进一步完善,功能更加强大;高分四号卫星进入业务运行并形成应用服务能力;多源卫星数据实现统一获取,资源池集中管理;高分辨率陆地卫星遥感数据库形成业务能力;风云三号高光谱红外探测仪定标技术获实质性突破,风云三号卫星资料分别在中国气象局数值预报中心 GRAPES 模式和欧洲中期天气预报中心模式中业务同化,卫星资料在模式中的同化应用取得标志性进步;卫星海洋气象应用取得长足进展;全球三维数值大气可视化业务平台诞生,为全球三维大气探测应用做好技术准备。遥感应用服务和数据服务能力持续加强,应用服务领域不断拓展,服务方式更加多样有效;风云卫星在国内和国际的影响力持续扩大。

2017 年,中国气象局将印发关于全国卫星遥感综合应用体系建设的指导意见,重点推进气象卫星遥感综合应用对生态文明建设的保障能力,进一步提高其在气象预测预报、综合防灾减灾、应对气候变化和军民融合发展中的应用效益,统筹规划国家、省(自治区)、地(市)和县各级气象部门遥感综合应用业务发展。进一步推进气象卫星遥感资料在水利、民政、农业、海洋、地质、林业等各行业应用,提高服务"一带一路"建设、军民融合等国家重大战略,以及全球应用服务的水平。2017 年,风云四号 A 星、全球二氧化碳监测科学实验卫星将投入业务运行,风云三号 D 星计划发射,将提供更多更新更好的遥感产品,希望大家提前了解和熟悉这些产品,不断提高卫星生态遥感监测分析水平,提升卫星资料定量应用与服务能力,加强多源卫星数据融合应用。

作为集中展示卫星遥感应用成果的重要平台,此次技术交流会以"卫星资料在短时临近天气预报、海洋气象业务和大气环境监测业务中的应用"为主题,总结和交流了 2016 年卫星资料在以上业务应用中的进展,较为全面地体现了气象卫星遥感应用技术前沿、热点和气象业务服务应用效果。通过认真总结分析、深入交流,促进了卫星遥感应用技术的推广与进步,取得了很好的成效。参加交流的论文质量及参会人员的广泛性和代表性也有明显提高,卫星遥感应用技术交流会对推进卫星遥感科研成果的业务应用、提高卫星遥感应用水平,起到了积极的推动作用。

　　借此机会,我向会议的组织单位国家卫星气象中心和宁波市气象局,以及为论文集出版付出辛勤劳动的同志们表示衷心的感谢。

（中国气象局副局长）

2017 年 4 月于北京

前　言

为进一步加强遥感用户间的技术交流,持续推进卫星遥感技术的发展和应用,提高卫星气象服务能力,2016 年 5 月,国家卫星气象中心和宁波市气象局在宁波组织召开了"2016 年全国卫星应用技术交流会"。本次交流会共收到来自全国气象部门和高校的论文 90 篇,经过专家筛选,有 53 篇论文参加会议交流,其中 10 篇交流会论文获大会优秀论文奖。

本次会议交流主题为"卫星资料在短时临近天气预报、海洋气象业务和大气环境监测业务中的应用",内容包括卫星资料在天气分析、海洋气象、环境与灾害监测、数值天气预报、卫星产品反演等方面的应用以及检验方法研究,业务性、针对性、实用性强,较为全面地体现了卫星资料在天气分析、生态环境监测和灾害监测中应用的水平和最新进展,对卫星资料在气象业务中的应用有很强的指导意义。为进一步体现技术交流的成效,推动卫星遥感资料的应用,提高卫星气象服务的能力,使更多遥感应用工作者受益,特从本次会议交流论文中精选部分论文编辑出版。

本次会议的成功召开和论文集的出版,得到了中国气象局有关职能司、各省(自治区、直辖市)气象局和气象出版社的大力支持与通力合作。特别是论文编审组专家给每篇入选论文提出了宝贵的修改意见,为文集顺利出版付出了辛勤的劳动。借此机会,对上述单位和个人以及所有论文作者一并表示感谢!

杨　军

2017 年 4 月

目　录

序
前言

第一部分　卫星资料在天气分析和海洋气象中的应用

地基 GPS 大气可降水量在海西地区的应用研究 ……………………………… 潘卫华（ 3 ）
基于卫星资料的华北夏季暴雨模型研究………………………… 李　云　任素玲（ 8 ）
云雨环境下卫星云导风和掩星资料的同化应用 ………… 马　刚　王云峰　袁　炳等（19）
TBB 与热带气旋强度关系的统计合成分析研究 ………… 岳彩军　曹　钰　谈建国等（47）
青藏高原东北侧极端暴雨的环流及前兆云型特征分析 … 侯建忠　井　宇　陈小婷等（61）
中国东海近岸 MODIS 数据大气校正 …………………………… 何全军　陈楚群（70）
基于 OSCAR 数据的南海表层海流特征分析 ………… 李天然　何璐希　叶　萌等（78）
中国海域 NCEP-DOE、ERA-Interim、CCMP 风场资料的初步比较与分析 ………………
………………………………………………………… 张育慧　李正泉　肖晶晶（93）

第二部分　卫星资料在环境和灾害监测中的应用

多源卫星遥感数据在黄海浒苔动态监测业务中的应用 … 李　峰　谢　磊　赵　红等（101）
基于地面和卫星观测的江苏地区污染物分布特征及其轨迹预报模型 ………………………
………………………………………………………… 王宏斌　徐　萌　张志薇等（108）
基于 FY-3C 卫星资料的雾霾监测方法研究 …………………………………… 田宏伟（118）
京津冀地区气溶胶光学厚度反演及空间分布 …………… 杨　鹏　陈　静　高　祺等（126）
FY-3 卫星分析四川芦山地震 …………………………… 钟儒祥　黄志东　朱爱军（136）
基于 FY-3A 卫星的 2013 年黑龙江省洪水监测分析 ……… 郭立峰　殷世平　许佳琦等（145）
基于 FY-3 卫星热红外数据的地表温度反演方法研究 …… 李紫甜　鲍艳松　闵锦忠等（156）
山西省日光温室低温寡照灾害分析研究…………………… 李海涛　王志伟　赵永强（168）
山西省主要农业气象灾害精细化区划研究 ……………… 赵永强　相　栋　李海涛等（177）
长序列卫星遥感洞庭湖数据集建立和应用 ……………… 邵佳丽　郑　伟　刘　诚等（184）

第一部分
卫星资料在天气分析和海洋气象
中的应用

地基 GPS 大气可降水量在海西地区的应用研究①

潘卫华

（福建省气象科学研究所，福州 350001）

摘　要：利用海西地区地基 GPS 数据遥感全省的大气可降水量 PWV，动态分析 PWV 值的空间格局变化规律，并结合气象资料，对 GPS 遥感的大气可降水量与局地降水之间关系进行了定量分析。结果表明：地基 GPS 遥感的大气可降水量资料可监测海西地区福建上空的水汽空间分布格局和变化特征，对于动态监测全省降水过程的变化有着很好的指示作用。在与具体测站的大气可降水量 PWV 和实际降水的对比分析中可以发现，充足的 PWV 含量是产生降水的必要非充分条件，降水还与局地的热动力抬升条件密不可分。PWV 的变化并不一定与测站的降水量密切对应，但与以测站为中心的局地降水的发生有着高度相关性，有着很好的预示作用。

关键词：地基；GPS；大气可降水量；局地降水；遥感；福建省

1　引言

水汽是大气中的一种重要成分，其空间分布极不均匀且时间变化很快，在大气的物理/化学过程中发挥着重要作用，影响着辐射平衡、能量输送、云的形成和降水。水汽的潜能是大气从赤道向两极输送能量的重要机制，潜能的释放对大气的垂直稳定度、暴风雨的形成和演变以及地-气系统经向辐射能量平衡有显著的影响[1-5]。当 GPS 发出的信号穿过大气层中对流层时，受到对流层的折射影响，GPS 信号要发生延迟，由于信号延迟和大气参数之间具有很好的相关性，因而可用 GPS 遥感技术对大气参数进行探测从而可以测定大气中的水汽含量。由于利用地基 GPS 数据可以提供连续性高精度的可降水量数据，在天气预报和气候研究中发挥着越来越重要的作用，对某些天气预报时间分辨率要求高或地面常规气象站分布稀疏的地区的短时临近天气预报极具价值。美国 55 个 GPS 网络工作站的测试表明：地基 GPS 遥感大气水汽总量不仅能真实地反映大气湿度的分布情况，而且其精度明显要高于其他类型的湿度观测系统，在大气相对湿度 3 小时预报中具有绝对优势，可以明显地改进降水的 3 小时预报效果。1992 年美国 Bevis 等[6]首先提出了采用地基 GPS 估算大气水汽含量的原理。美国和加拿大的一些研究机构合作实施的 Westford 水汽实验进一步证明了应用 GPS 测定大气可降水量技术的可行性。王小亚和朱文耀等[7] 1997 年在上海进行了国内第一个 GPS 风暴试验表明地面 GPS 网可获得几乎实时连续和高精度的可降水量值，并且可很好地与实时降水量和降雨过程相对应。李成才和毛节泰等[8]利用 1997 年夏季的东亚地区 GPS 跟踪数据和 IGS 星历反演了上海和武汉的大气可降水量，与探空资料获得的水汽总量对

───────────────
①　资助项目：福建省科技计划重点项目（2014Y0041）和福建省自然科学基金项目（2013J01152）。

照均方根误差为 5 mm 左右。本文利用福建省地基 GPS 台站数据,分析了海西地区福建上空遥感反演大气可降水量的分布规律,结合气象台站数据对其在降水过程的特征进行了对比分析。

2　地基 GPS 反演大气可降水量原理

当 GPS 卫星发射的无线电波在穿过大气层时受到电离层电子和平流层、对流层大气的折射,由于速度的减弱和路径的弯曲造成信号的延迟,其中绝大部分是由于受到对流层和平流层的大气影响。为了准确地测定大气可降水量,首先必须将中性大气引起的对流层延迟从其他定位误差中分离出来,然后把中性大气的延迟转换为大气中的水汽含量。

由对流层折射引起的过剩路径长度可表示为:

$$\Delta L = \int_L (n(s) - 1) \mathrm{d}s + (G - R) \tag{1}$$

式中 ΔL 是由于 GPS 信号受到大气折射率的影响所多走的距离,L 为传播路径,$n(s)$ 为折射率,G 是沿传播路径 L 的长度,R 为直线距离。等式右边第一项是由 GPS 信号减速造成的类似于路径的延长,第二项是由于 GPS 信号受到大气折射弯曲所造成的距离的延长,由于路径弯曲在天顶距小于 $80°$ 时,其值很小,在数据处理中常不考虑。

对流层延迟的 90% 是由大气中的干燥气体引起的,称为干延迟,其余的 10% 是由水汽引起的,称为湿项延迟。干延迟可以由大气处于流体静力平衡状态的理想气体来模拟,因此又称为静力延迟。对流层延迟用天顶方向的静力延迟和湿项延迟表示为:

$$\Delta L = \Delta D_{z,dry} M_{dry}(E) + \Delta D_{z,wet} M_{wet}(E) \tag{2}$$

式中为天顶方向的对流层延迟 ΔD_z 与同高度角有关的映射函数 $M(E)$ 之积。从天顶对流层延迟中减去天顶静力延迟 Z_h 而得到湿项延迟 Z_w,其公式如下:

$$Z_w = 10^{-6} \cdot PW \left[R_v \left(k'_2 + \frac{k_3}{T_m} \right) \right] \tag{3}$$

$R_v = 461.495 \, \mathrm{J/(kg \cdot K)}$,为水汽的比气体常数,$PW$ 为大气可降水量。然后采用以下关系来将延迟数值进行转化,从而得到大气可降水量 PW:

$$PW = \prod \cdot Z_w \tag{4}$$

$$\prod = 10^6 \left[R_v \left(\frac{k_3}{T_m} + k'_2 \right) \right]^{-1} \tag{5}$$

$$T_m = \frac{\int (e/T) \mathrm{d}z}{\int (e/T^2) \mathrm{d}z} \tag{6}$$

其中 T_m 称为加权平均温度。

3　大气可降水量特征分析

福建地处东南沿海 $23°33'—28°20'N$、$115°50'—120°40'E$,为典型的中亚热带和南亚热带气候,地形以山地和丘陵为多,植被覆盖率位于全国第一。研究以 2015 年 5 月年积日为 139

的地基 GPS 观测资料作为例,覆盖全省范围总共选取 62 个站点,并利用地基遥感解译软件进行 PWV(大气可降水量)的反演,以供相关分析。

3.1 GPS/PWV 空间日变化特征

分别选取 00、08、16 和 24 时 4 个时段的 PWV 数据进行数据订正,去除数据异常的站点,并导入 Surfer 软件中进行绘制,如图 1 所示。

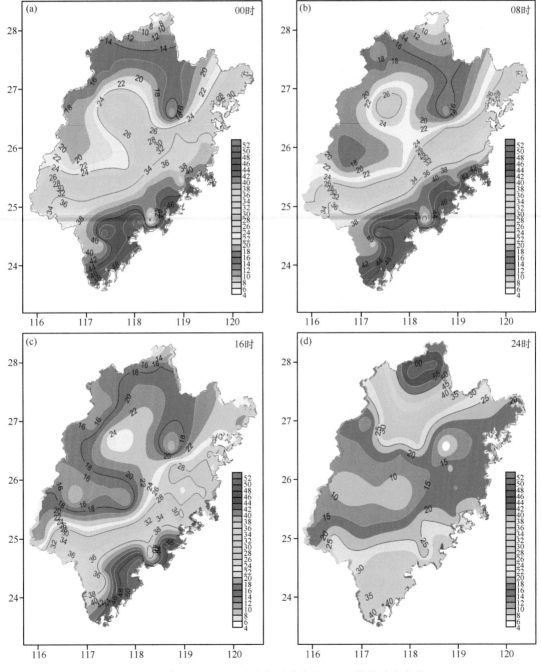

图 1 福建省地基 GPS 站大气可降水量 PWV 值的动态变化

分析发现,00 时福建上空 PWV 值呈北低南高分析,西北部 PWV 值普遍小于 20 mm,东南部沿海地区 PWV 值在 40~60 mm 之间,中部地区 PWV 值在 20~35 mm 之间。到 08 时,西北部地区的上空 PWV 低值区范围进一步扩大,中部地区 PWV 值在 20~35 mm 区进一步缩小,而东南部沿海地区 PWV 高值区范围基本不变。到 16 时西北部 PWV 低值区进一步扩大,范围几乎涵盖全省的 2/3,而 PWV 在 40~60 mm 高值区进一步缩小,仅位于厦漳泉沿海部分县市上空,且高值已降到 50 mm 以下。到了 24 时,PWV 低值区范围进一步南进,而东南部沿海的 PWV 高值区已消失,北部的南平部分县市出现新的 PWV 高值区。以上的 PWV 值空间变化表明在年积日为 139 的福建上空,东南沿海地区经历一次 PWV 由高值向低值转变的过程,经历一次降水结束过程,这与气象台站的观测资料吻合。而中北部地区的 PWV 值由于普遍偏低,未能出现降水,24 时南平北部上空的 PWV 高值区出现预示着新的一轮降水过程的产生。

3.2　台站 PWV 变化与降水分析

由于大气充沛的水汽只是降水出现的必要条件之一,降水是否产生还与当地有利的动力条件和热力条件密切相关。为了研究大气可降水量 PWV 和出现降水的关系,本文分别选取了罗源、平和、武平和福鼎等 4 个比较有代表性的站点进行对比分析。

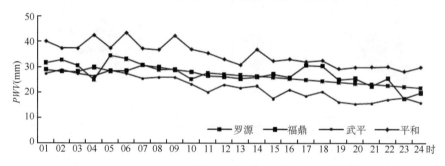

图 2　不同地基 GPS 测站的大气可降水量 PWV 值对比分析

从图 2 上可以看出,4 个 GPS 测站的 PWV 值随时间整体呈下降趋势,其中位于闽南沿海的平和站 PWV 值比其他 3 个站点来得高,00~10 时其 PWV 值在 40 mm 上下波动。位于闽东北沿海的福鼎站和罗源站其 PWV 值都在 40 mm 之下,且下降趋势明显,而位于西南内陆山区的武平站 PWV 值更低,都在 30 mm 之下,水汽不足是其产生不了降水的主要原因。

在与气象自动观测站数据对比发现,4 个代表站中唯一出现降水的平和站 PWV 值与降水量的关系如图 3 所示。从图中可以发现大气可降水量 PWV 值和气象自动观测站降水量并没有呈现很好的指标作用。当 00~01 时中大气可降水量 PWV 值降低约 3 mm,出现降水约 2 mm,而 01~02 时 PWV 值几乎没发生什么变化时却出现最大降水量 19 mm。随后的几个时间段内,降水量整体呈减少趋势,到 08 时降水停止,其 PWV 值在此过程有比较明显的波段,但整体随时间呈递减的趋势。分析其原因,主要存在 2 个因素导致 PWV 值与降水不同步相关:一是由于平和的 PWV 站与自动观测站的地理位置不一致,降水的非连续性导致两个点的降水相关性不强。二是充分的大气可降水量 PWV 值只是产生降水的必要条件,是否出现降水还与当地的动力条件、热力条件和地形等因素密不可分。但值得关注的是,一定数量的大气可降水量 PWV 值是能否产生降水的关键因素,对于地基 GPS 测站附近是否产生面雨量有着很好的预示作用。

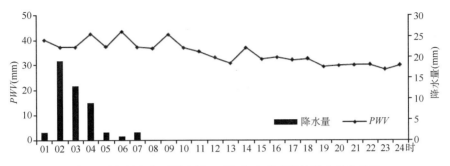

图 3 平和站大气可降水量 PWV 与自动观测站降水量的关系

4 结论

通过对福建省地基 GPS 数据遥感大气可降水量 PWV 资料,分析了福建省上空大气可降水量的分布格局和变化特征,并对代表性个站与自动气象站的实际降水进行对比分析,得到了以下一些结论:

(1)福建地基 GPS 遥感的大气可降水量分布格局和动态变化可以很好地反映出全省范围内的降水的演化过程,对于降水的发生、发展和消亡具有较好的指示作用。

(2)地基 GPS 站个例研究发现,充沛的大气可降水量 PWV 是产生降水必要非充分条件,降水是否发生还与局地的热动力抬升条件密不可分。PWV 的变化并不一定与测站的降水量密切对应,但与以测站为中心的局地降水的发生有着高度相关性,有着很好的预示作用。

参考文献

[1] Min W,Schubert S. The climate signal in regional moisture fluxes:A comparison of three global data assimilation products[J] *Climate*,1997,**10**:2623-2642.

[2] Yuan L,Anthes R A,Ware R H,et al. Sensing climate change using the global positioning system[J]. *J. Geophys. Res.*,1993,**98**(D8):14925-14937.

[3] 丁金才. GPS 气象学及其进展[J]. 大气科学研究与应用,1999,**17**:116-125.

[4] 杨露华,叶其欣,乌锐,等. 基于 GPS /PWV 资料的上海地区 2004 年一次夏末暴雨的水汽输送分析[J]. 气象科学,2006,**26**(5):502-508.

[5] 杨引明,朱雪松,刘敏,等. 长江三角洲地区 GPS 大气可降水量统计特征分析[J]. 高原气象(增刊),2008,**27**(12):150-157.

[6] Bevis M,Businger S,Herringt A,et al. GPS metemlngy:remote sensing of atmospheric water vapor using the global positioning system[J]. *J. Geophy. Res.*,1992,**97**(15):787-801.

[7] 王小亚,朱文耀,严豪健. 地面 GPS 探测大气可降水量的初步结果[J]. 大气科学,1999,**23**(05):605-612.

[8] 李成才,毛节泰,李建国,等. GPS 遥感水汽总量[J]. 科学通报,1999,**44**(3):333-336.

基于卫星资料的华北夏季暴雨模型研究

李　云　任素玲

（国家卫星气象中心，北京 100081）

摘　要：利用 FY-2 气象卫星资料，结合地面、高空资料，针对 2008—2012 年 5—9 月华北区域出现的区域性暴雨过程，分析其卫星云图云型和水汽型、卫星云导风等卫星资料特征，重点研究暴雨过程的天气尺度环流背景，找出卫星云图及对应天气系统的典型特征，总结由卫星资料指示的区域大降雨典型环境场特征，在此基础上总结提炼，依据产生暴雨的不同天气尺度环流背景场和卫星云图特征，可以建立 4 种华北区域卫星云图概念模型，即经向（东北-西南向）叶状云型（典型锋面云带）、纬向叶状云型、低涡锋面云系型、低涡头部云系型；试图对今后暴雨预报提供有价值的背景信息。

关键词：华北暴雨；模型；卫星资料

1　引言

华北地区属于东亚季风气候区，"华北雨区"是我国夏季重要的三大降雨区之一。上述区域暴雨的次数虽少，不及江南和华南区域，但降水强度却都较强，具有突发性和局地性的典型特征[1~6]。据统计，华北地区 6—8 月的降雨量占年降雨量的 50% 以上，且主要由几场暴雨造成，有时一次暴雨的日降水量几乎可达月降水量的 50% 以上。同时，在 5 月和 9 月，冷暖空气都比较活跃，华北地区也易出现较强的降雨天气过程。因此，本文利用卫星云图云型、水汽型、卫星云导风等卫星特征和降水过程天气形势对 2008—2012 年 5—9 月华北区域进行普查和分析，找出卫星云图及对应天气系统的典型特征，总结由卫星资料指示的区域大降雨典型环境场特征，建立华北区域卫星云图概念模型，试图对今后暴雨预报提供有价值的背景信息[7~10]。

2　资料

文中研究使用的资料包括：2008—2012 年 5—9 月风云二号卫星红外、水汽云图资料和卫星水汽导风产品（2008—2009 年使用的为 FY-2C 卫星，2010—2012 年使用的为 FY-2E 卫星）；2008—2012 年 5—9 月高空、地面常规观测资料以及 08 时 24 h 常规站和加密站雨量资料。

选取气象概念中华北地区作为研究区域（华北 35°—45°N，110°—124°E），定义在此观测区域中，08 时 24 小时常规站和加密站雨量至少有 10 个站点出现大于或等于 50 mm 的降雨，同时依据相邻日期为同一个天气过程的准则,定为一次暴雨过程参与个例统计。

本文运用上述资料,以统计和个例合成分析方法为基础,重点研究天气尺度环流背景下暴雨过程特征,并建立卫星云图短时暴雨概念模型。

3 华北区域夏季暴雨环境场卫星模型

依据产生暴雨的不同天气尺度环流背景场和卫星云图特征,重点研究区域暴雨的环境场特征,将 2008—2012 年华北出现的 52 次暴雨过程根据卫星资料分为四种类型,经向(东北-西南向)叶状云型(典型锋面云带)(17 次)、纬向叶状云型(13 次)、低涡锋面云系型(17 次)、低涡头部云系型(5 次)。

3.1 经向(东北—西南向)叶状云型

3.1.1 天气特征

经向(东北-西南向)叶状云型在天气图中对应 500 hPa 的形势表现为一南北向或东北—西南向的高空槽,云系与槽前的偏南气流或西南气流一致,云系后边界与 500 hPa 槽线位置一致,在这种形态中,若要产生较强的降雨,高空槽的东南侧往往存在副热带高压,其外围西南气流与槽前西南气流汇合输送暖湿空气。

此种类型的降雨主要集中在华北中东部以及东北中南部一带,成东北-西南走向。

3.1.2 个例合成卫星资料特征

此种类型在红外图像上,表现为典型的斜压叶状云(经向型或东北-西南向)或锋面云带。增强水汽图像上,可以清晰地看到经向叶状云表现的水汽型以及其西侧和东南侧的暗区特征,同时在我国东南沿海近岸地区还存在台风等热带系统造成的水汽亮区;与 200 hPa 流场叠加图可见,强降水发生时南亚高压中心位于青藏高原中部,东侧脊线位于黄淮南部地区,南亚高压东脊点与叶状云位置非常近,有利于与云带上的急流产生辐散气流,产生有利的高层环境场条件;与 500 hPa 流场叠加图可见,在经向叶状云东南侧对应着指示副热带高压的暗区;与 850 hPa 流场叠加图可见,在经向叶状云的西侧存在一低层低涡切变系统。结合雨量合成图可见,强降水区位于南亚高压脊线北侧副热带西风带急流入口区的右侧(气流辐散的区域)、副热带高压暗区西北侧与叶状云交汇处以及低层低涡切变的东南象限,强降雨的水汽来源于西南暖湿气流和副高南侧的热带系统。增强水汽图像和云导风叠加图可见,经向叶状云位于南亚高压东北侧,那里存在明显的高层风辐散,其西侧为与内蒙古中西部的暗区前端有指向叶状云的运动,这种运动有利于降水增幅,西侧暗区中心水汽亮温为 255~257 K,距强降水中心大约有 10 个经距(图 1)。

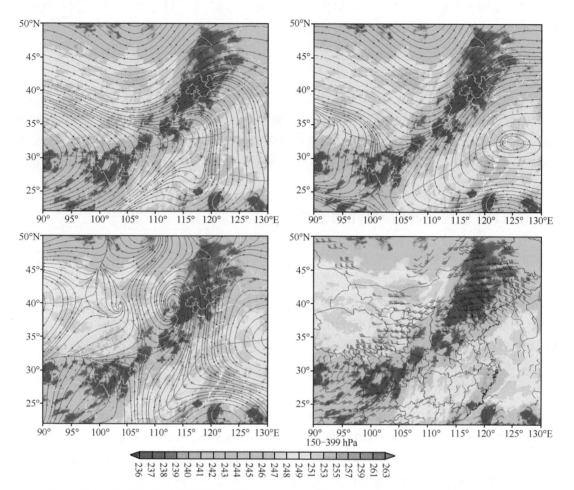

图 1　经向叶状云个例合成增强水汽图像和 200 hPa 流场叠加(左上)、增强水汽图像和 500 hPa
流场叠加(右上)、增强水汽图像和 850 hPa 流场叠加(左下)、增强水汽图像和云导风叠加(右下)

3.1.3　成熟阶段概念模型(图 2)

3.1.4　预报着眼点及指标

经向叶状云型区域大降雨需关注:水汽图像上北侧暗区;系统西侧是否存在指示冷空气的
暗区并指向云系;西侧暗区中是否存在小尺度的水汽涡旋(有的个例中存在尺度与主系统相当
的水汽型);自东北侧伸向系统的暗区(东路冷空气);在中层是否有副热带高压位于系统东侧
(水汽图像的暗区和红外图像);海上台风不仅显著增加了南风和北风的经向度,其带来的低层
水汽输送是否对降水有显著的作用。

指标:西侧暗区与强降雨中心的相对位置;西侧暗区中有无水汽型,有水汽型的降水更强;
南亚高压(脊线、东脊点)与云带和强降雨中心的相对位置。

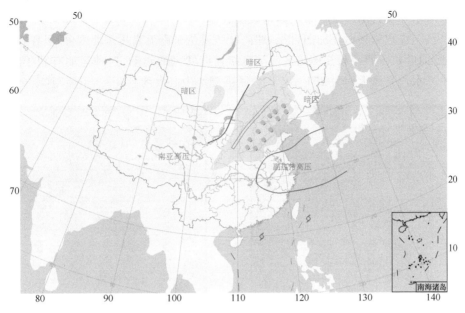

图 2 经向叶状云成熟阶段概念模型示意图

灰色阴影区为红外云图上的云区以及水汽图像上的水汽云区,黄色线圈为云导风上显示的南亚高压,
红色线条为晴空区和水汽干区表征的副热带高压特征线 588 dagpm,蓝色点为对流云区,
棕色线条为 500 hPa 槽线,蓝色空心箭头为高空急流,东部沿海为热带气旋等热带云系

3.2 纬向叶状云型

3.2.1 天气特征

纬向叶状云型对应 500 hPa 的形势表现为一横槽或一弱脊区,云系与槽前的西偏南气流或较为平直的偏西气流一致,云系后边界与 500 hPa 槽线位置一致,云系位于高空横槽与副高北侧之间。

此种类型的降雨主要集中在山西、河北中南部、河南北部、山东等地,成东—西带状分布。

3.2.2 个例合成卫星资料特征

此种类型在红外图像上,云系北侧和西侧边界在暗区冷空气的作用下较为光滑,而叶状云南缘与副高北侧交汇区域易出现对流云系。增强水汽图像上,云系北侧有暗区南压,云系的南侧有指示副热带高压的暗区,在两者作用下,使叶状云系表现为较为平直的纬向型叶状云特征,同时在其西南侧还存在位相落后于叶状云的水汽亮区。与 200 hPa 流场叠加图可见,强降水发生时南亚高压中心偏东,位于青藏高原东部地区,东侧脊线位于黄淮南部地区,脊线位于叶状云南侧,并与其位置非常近,南亚高压东北侧的辐散气流是有利的高层环境场条件;与 500 hPa 流场叠加图可见,在纬向叶状云南侧对应着指示副热带高压的暗区,副高西伸的程度较经向叶状云更为明显,西脊点位于东经 100°的贵州附近,其北侧也抵达华北南部地区,在叶状云南缘靠近副高北侧的位置极易产生对流;与 850 hPa 流场叠加图可见,纬向叶状云发展强烈的位置位于南北风切变偏南风一侧,这里也是降水最强的位置。结合雨量合成图可见,强降水区位于南亚高压脊线北侧副热带西风带急流入口区的右侧(气流辐散的区域)、副热带高压暗区西北侧与叶状云交汇处以及低层南北风切变的偏南风一侧,这些个例中强降雨的水汽来源于位相落后于叶状云的系统带来的西南暖湿气流。

　　增强水汽图像和云导风叠加图可见,纬向叶状云位于南亚高压东北侧,那里存在明显的高层风辐散,经向叶状云西侧和北侧暗区前端有指向叶状云的运动,这种运动有利于降水增幅,北侧暗区中心水汽亮温大约为 251～253 K,距强降水中心大约有 8～9 个纬距(图 3)。

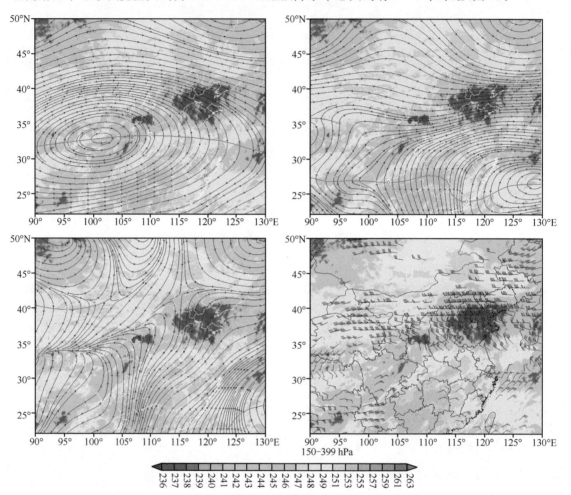

图 3　纬向叶状云个例合成增强水汽图像和 200 hPa 流场叠加(左上)、增强水汽图像和 500 hPa
流场叠加(右上)、增强水汽图像和 850 hPa 流场叠加(左下)、增强水汽图像和云导风叠加(右下)

3.2.3　成熟阶段概念模型

3.2.4　预报着眼点及指标

　　纬向叶状云型的暴雨过程需关注水汽图像上北侧暗区;是否在云系的西南侧存在指示后部冷空气的暗区指向云系;在中层是否有副热带高压位于系统南侧;海上台风和中低纬存在位相落后于叶状云的系统时带来的低层水汽输送是否对降水有显著的作用。

　　指标:北侧暗区与强降雨中心的相对位置(8～9 个纬距)

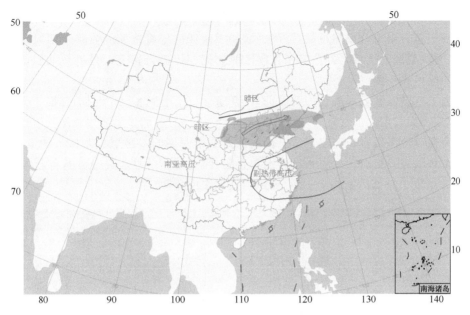

图 4　纬向叶状云成熟阶段概念模型示意图

灰色阴影区为红外云图上的云区以及水汽图像上的水汽干区，黄色线圈为云导风上显示的南亚高压，

红色线条为晴空区和水汽干区表征的副热带高压特征线 588 dagpm，蓝色点为对流云区，

棕色线条为 500 hPa 槽线，蓝色空心箭头为高空急流，东部沿海为热带气旋等热带云系

3.3　低涡锋面云系型

3.3.1　天气特征

低涡锋面云系型在天气图中，华北地区位于切断低压南侧的低槽区中，低涡云系的锋面云带与 500 hPa 的槽线位置一致。低涡云系的涡旋中心位于蒙古国中东部、内蒙古东部、华北北部、东北南部等地区，有时低层涡旋并不明显，而仅有对流层中层的涡旋系统，副高位置一般偏西偏北，西南风的水汽输送是主要的水汽来源。此种类型的降雨主要集中在河北中南部、京津、河南北部等地，位于内蒙古东部低涡中心附近的雨量不大。

3.3.2　个例合成卫星资料特征

在红外图像上，锋面云带呈气旋性弯曲，大部分个例中云系上会存在有两条分界线，由北往南，第一条界线为晴空区和层状云分界线，第二条界线为层状云和对流云系分界线，其中地面锋线位于层状云和对流云系分界处，对流云团为锋前触发的对流性降水，层状云降水为锋面爬升的层状云降水，而锋面云系南侧为大片晴空区，此处为副热带高压控制下的晴空区；增强水汽图像上可以清晰地看到低涡云系表现的水汽型以及其西侧和东南侧的暗区特征，低涡锋面云系西侧的暗区推动锋面云带东移发展，并侵入低涡云系中心，在水汽图像上形成典型的干侵入特征，同时在我国东南沿海近岸地区还存在台风等热带系统登陆后的水汽亮区；与 200 hPa 流场叠加图可见，强降水发生时南亚高压中心位于青藏高原中部地区，东侧脊线位于黄淮南部地区，脊线位于低涡系统锋面云带南侧，并与其位置非常近，南亚高压东北侧的辐散气流是有利的高层环境场条件；与 500 hPa 流场叠加图可见，低涡锋面云带东南侧对应着指示副热带高压的暗区，在云带南缘靠近副高北侧的位置极易产生对流；与 850 hPa 流场叠加图可见,云系发展强烈的位置位于低涡后部西偏北风与低涡前部南风的偏南风一侧,这里也是降水最强的位置。结合雨量合成图可见,强降水区位于南亚高压脊线北侧副热带西风带急流入口区的右侧(气流辐散的区域)、副热带高压暗区西北侧与锋面云带交汇处以及低层西偏北风与南风切变的偏南风一侧。

由增强水汽图像和云导风叠加图可见,云系通常位于南亚高压东北侧,锋面云带上有高空急流区存在,锋面云带尾部常常与南亚高压东北侧气流相连,那里的高层辐散气流更有利于云系发展并为强对流提供有利高层环境。低涡锋面云带西侧的暗区形成干侵入的形态,在西侧暗区中存在水汽亮温相对较低的小尺度水汽亮区,西侧暗区中心水汽亮温更高,大约为 257～259 K,强降雨位于距低涡中心 7～8 个纬距的低涡东南象限(图 5)。

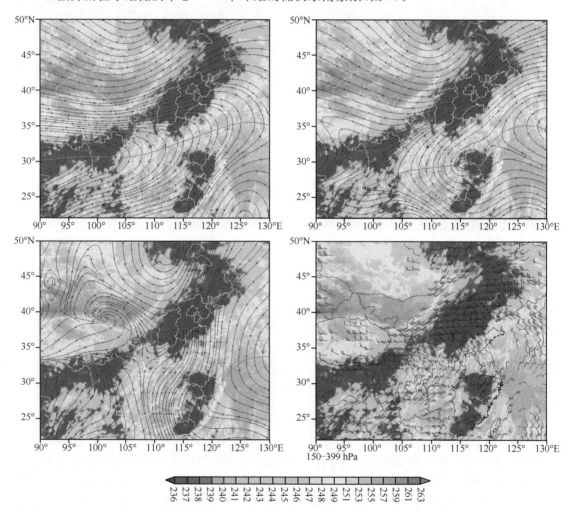

图 5   低涡锋面型个例合成增强水汽图像和 200 hPa 流场叠加(左上)、增强水汽图像和 500 hPa 流场叠加(右上)、增强水汽图像和 850 hPa 流场叠加(左下)、增强水汽图像和云导风叠加(右下)

3.3.3　成熟阶段概念模型（图 6）

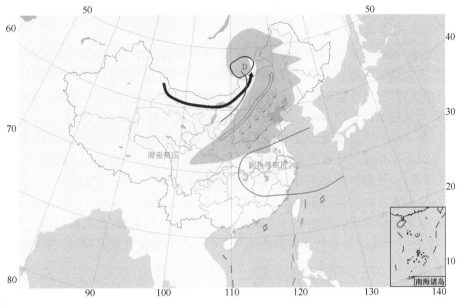

图 6　低涡锋面型成熟阶段概念模型示意图

灰色阴影区为红外云图上的云区以及水汽图像上的水汽云区,黄色线圈为云导风上显示的南亚高压,
红色线条为晴空区和水汽干区表征的副热带高压特征线 588 dagpm,黑色实心箭头表示干侵入,蓝色点为对流云区,
棕色线条为 500 hPa 槽线,蓝色空心箭头为高空急流,东部沿海为热带气旋等热带云系

3.3.4　预报着眼点及指标

低涡锋面型区域大降雨需关注:水汽图像上低涡系统西侧存在的指示冷空气的暗区,西侧暗区中是否存在小尺度的水汽涡旋;在中层是否有副热带高压位于系统东侧(水汽图像的暗区和红外图像的晴空区);我国东部沿海是否存在台风,其经由副热带高压系统带来的直接低层水汽输送,或通过显著增加南风和北风的经向度,使得低层水汽输送加强,对降雨强度有增幅作用。

指标:低涡中心与强降雨中心的相对位置——该类过程中,西南暖湿气流的输送及冷暖空气的交汇主要集中在低涡的东南象限,尤其是低涡云系中心位于蒙古国东部至内蒙古东部时,导致过程的最大降雨区常出现在距低涡中心 7～8 个纬距的低涡东南象限;西侧暗区中有无水汽型,普查中发现有水汽型的降水更强;南亚高压(脊线、东脊点)与云带和强降雨中心的相对位置,降雨过程中南亚高压东脊点直接与锋面云带相连或者伴随着南亚高压显著东进的过程,降雨强度更强。

3.4　低涡头部云系型

3.4.1　天气特征

低涡头部云系型在 500 hPa 上存在一低涡中心,于内蒙古中部、华北北部或者河套地区,在低涡中心附近或后部的晴空区,常有高空冷平流与低空暖平流叠加,加上地面白天辐射增温,形成不稳定层结,有利于对流的发展,进而产生短历时的强降雨天气。此种类型的强降雨来自低涡头部云系,主要集中在河北东南部、京津等地,由于此种类型低涡尺度较小或是其锋面云带退化,其由其南侧锋面云带造成的降雨较弱或是较为偏南,但其后部冷空气却能给江淮地区带去较强降雨。

3.4.2　个例合成卫星资料特征

此种类型中,低涡云系中心位置偏南,位于华北北部地区,在红外图像上,低涡中心附近云系较为松散,在低涡云系中心附近或后部都有可能不同程度地出现对流云的快速发展和移动;增强水汽图像上,低涡云系表现的水汽型以及其西侧的干侵入暗区,表征低涡云系的水汽型结构较为松散,可见明显的干侵入暗区卷入低涡中心,形成干螺旋带水汽特征;与 200 hPa 流场叠加图可见,强降水发生时南亚高压中心位置偏南,位于中南半岛地区,其东侧脊线位于华南沿海地区,可见南亚高压对此种类型的降雨并无明显影响;与 500 hPa 流场叠加图可见,副热带高压位置偏南,可见副热带高压对此种类型的降雨并无明显影响。由增强水汽图像和云导风叠加图可见,对流发生在低涡中心东南侧的干螺旋带以及云导风上显示的小范围高层风辐散区域;在云导风图像上仅表现出小区域的高空风向或风速的辐散,为对流的发生发展提供环境场条件,另外,并不是所有的例子都与南亚高压的位置和强度存在紧密的联系(图 7)。

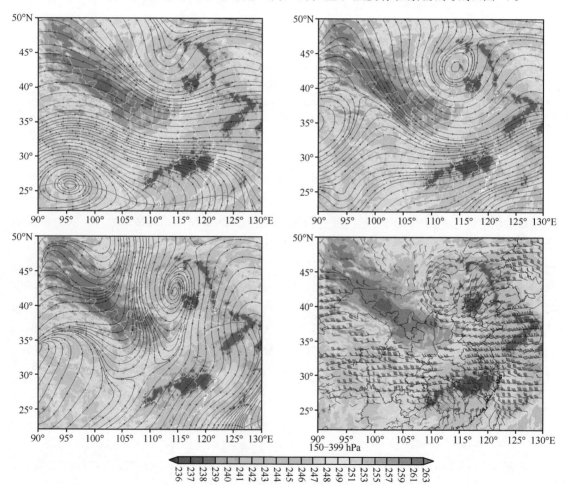

图 7　低涡头部型个例合成增强水汽图像和 200 hPa 流场叠加(左上)、增强水汽图像和 500 hPa
流场叠加(右上)、增强水汽图像和 850 hPa 流场叠加(左下)、增强水汽图像和云导风叠加(右下)

3.4.3　成熟阶段概念模型（图 8）

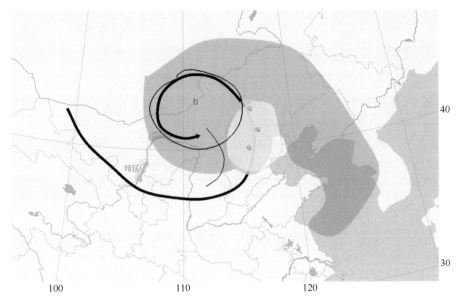

图 8　低涡头部型成熟阶段概念模型示意图

灰色阴影区为红外云图上的云区以及水汽图像上的水汽云区,蓝色点为对流云区,棕色线条为 500 hPa 槽线,
黑色实心箭头为干螺旋带,绿色阴影区为低层高湿区,黄色阴影区为高层辐散区

3.4.4　预报着眼点及指标

此种类型的降雨,往往是短历时的强降雨天气过程,主要是伴随着一次强对流系统的发展而产生,由于出现在低涡中心附近的晴空区中,可以认为是冷锋后的一种强对流发生的情况,这种天气,历时短、范围小,往往较难捕捉和预报,在卫星图像上我们更倾向于发现干螺旋带特征和云导风上显示的小区域高层风辐散,以及天气图上低层高湿区和位涡梯度区,从而把握对流发生的范围和强降雨落区。

4　结论与讨论

（1）在上述 4 种华北区域暴雨概念模型中,500 hPa 高空槽云系起到关键作用。水汽图像上云系周围的暗区特征对降水的激发和持续起到了重要作用,来自中纬度的天气系统,无论是系统东南方的长江入海口云团、气旋或海上的台风云系,还是系统西南方的青藏高原东侧高空槽云系、西南地区的低层切变线云系（切变低涡）,都会给华北降水提供良好的水汽输送通道。

（2）在通常情况下,前三种类型降雨均与南亚高压系统密不可分,南亚高压的东北侧或者北侧为区域大降雨的发生区域。

本文从卫星资料反映的大尺度背景场出发研究华北地区暴雨过程,其模型建立在大尺度卫星云图特征上,对小尺度暴雨云团的发展变化并未涉及。此外,本文虽然已经在卫星主观概念模型的基础上做了个例合成和一定的定量分析,但较多的主观分析在一定程度上制约了卫星概念模型的应用。今后的研究应逐渐发展出模型的计算机自动识别,逐步实现客观化、定量化,使其能够更好地在业务中开展应用。

参考文献

［1］　毕宝贵,李泽椿,李晓莉,孙军.北京地区降水的特殊性及其预报方法,南京气象学院学报,2004,**27**(1)：79-89.

［2］　丁一汇,等.影响华北夏季暴雨的几类天气尺度系统分析,暴雨及强对流天气的研究.北京:气象出版社.1980,1-14.

［3］　何敏,林建,韩荣青.影响北京夏季降水异常的大尺度环流特征,气象,2007,**33**(6)：89-95.

［4］　华北暴雨编写组.华北暴雨,北京:气象出版社,1992,1-12.

［5］　李建,宇如聪,王建捷.北京市夏季降水的日变化特征,科学通报,2008,**53**(1)：1-4.

［6］　孙建华,张小玲,卫捷,赵思雄.20 世纪 90 年代华北大暴雨过程特征的分析研究,气候与环境研究,2005,**10**(3)：492-506.

［7］　M.J.巴德,等.卫星与雷达图像在天气预报中的应用.北京:气象出版社,1998.

［8］　Santurette Georgiev.卫星水汽图像和位势涡度场在天气分析和预报中的应用.北京:科学出版社.2008.

［9］　Weldon,Holmes.水汽图像在天气分析和天气预报中的解释与应用.北京:气象出版社.1994.

［10］　许健民,等.《卫星水汽图像和位势涡度场在天气分析和预报中的应用》导读,气象,2008,**34**(5)：3-8.

云雨环境下卫星云导风和
掩星资料的同化应用

马　刚[1,3]　王云峰[2]　袁　炳[1,3]　希　爽[1,3]　张　鹏[1,3]　廖　蜜[1,3]

(1. 国家卫星气象中心,北京 100081;2. 解放军理工大学,南京 211101;
3. 中国遥感卫星辐射测量和定标重点开放实验室,北京 100081)

摘　要:相对于卫星直接观测的辐射资料可以反映大气热力结构的三维分布,卫星云导风资料能够刻画层析的大气动力结构,在数值预报的应用中更具优势。本文对 FY-2 云导风资料的质量控制和示踪高度优化处理。利用构建的快速循环同化/数值预报系统对 2014 年 8 个台风个例进行数值模拟,结果表明:同化 FY-2 云导风资料,使台风路径模拟误差减小了约 11.4%。

本文利用 FY-3GNOS 的弯曲角资料,利用射线追踪法构建同化观测算子。对 2014 年 8 个台风个例进行了同化实验表明,相对于参照试验,路径误差减小了约 14.6%。对 2 个台风个例同步同化掩星资料和 FY-2 云导风资料的实验表明,同化 GNOS 弯曲角资料及风云卫星资料后,路径预报效果提升了 37.75%。

关键词:云雨环境;云导风;GNOS 弯曲角;协同同化;台风路径模拟

1　前言

随着 GPS 技术以及卫星和通讯技术、计算机技术的发展,GPS 无线电掩星技术在大气探测与气象保障中发挥了越来越重要的作用[1~3]。大气温度、大气压强、大气密度和水汽含量等量值是描述大气状态最重要的参数,无线电探测、卫星红外线探测和微波等手段是获取气温、气压和湿度的传统手段,但是与 GPS 手段相比,也有一定的局限性。利用 GPS 手段来遥感大气的优点是,它是全球覆盖的、全天候观测的、费用低廉、精度高、垂直分辨率高[4~6]。正是这些优点使得 GPS/MET 技术成为大气遥感最有效最有希望的方法之一。

反演风场是气象卫星应用的另外一个重要方面[7,8]。尽管当前可采用无线电探空仪、风廓线仪、多普勒雷达资料反演等手段来获得风场,但观测频次和探测范围仍有较大不足,特别在海洋上,风场的观测缺乏。于是利用卫星来观测和反演风场就显得尤为重要,这对于数值预报初始场的构造、台风、高空急流及水汽输送的研究等都具有非常重要的意义[9~14]。

为了满足未来环境下大气探测和气象保障的需求,本文针对未来 5 年内卫星无线电掩星探测资料和大气反演参数、云导风资料,利用先进卫星资料的快速循环同化技术,重点突破环境气象预报中掩星资料循环应用等关键技术,构建环境气象预报中掩星资料循环同化技术的综合应用检验应用示范软件系统,提高云雨大气环境下气象环境的时空保障能力。

2　理论与方法

2.1　弯曲角射线追踪算法

从已知的 GPS 卫星和 LEO 卫星的精密星历以及大气状态,利用射线打靶法可以获得信号的轨迹,从而得到弯曲角和碰撞参数序列,完成三维追踪过程,但是它计算量很大,资料的实时处理存在困难。为此,Zou 等[14]发展了掩星平面射线追踪算子。Liu 和 Zou[15]又改进了射线追踪算子的精度和效率。无线电掩星观测资料的水平分辨率在大气中低层通常大于100 km,因此有必要考虑资料的水平均一性,射线追踪法是当前国内外解决无线电掩星折射率观测资料水平不均匀性误差的先进技术之一。射线追踪法存在如下特点:(1)大气高层球对称假设引起的误差小于 0.15%,若模式水平分辨率增大或实际大气水平非均匀性增大,此误差会稍加大;(2)大气的水平梯度引起的影响参数偏差在对流层低层只有几十米,并随着高度减小,20 km 以上几乎为零;(3)射线追踪算子引起的误差与球对称假设引起的误差相当,即射线追踪法误差并不包含球对称假设误差;(4)相关研究表明向前观测算子的误差垂直相关结构与球对称假设引起的垂直误差结构相似;(5)无论包含球对称假设与否,与精确三维打靶法相比,误差区别甚微。因此,本项目中,观测算子采用计算效率高的掩星平面射线追踪法(亦称为三维射线追踪法),而非计算代价昂贵的精确三维打靶追踪法。

射线追踪算子包括两部分:(1)利用 Rueger[16]对 Smith-Weitraub 方程[17,18]的改写形式计算折射率:

$$N = k_1 \frac{P}{T} + k_2 \frac{e}{T^2} + k_3 \frac{e}{T} \tag{1}$$

其中 n 和 N 分别为折射指数和折射率,P 和 e 分别是大气压和水汽分压(hPa)。T 为大气的绝对温度(K)。可以用不同系数来具体描述干气压项和湿气压项。(2)GPS 的信号路径轨迹方程可以用二阶微分方程表示:

$$\frac{\mathrm{d}^2 u}{\mathrm{d}s^2} = n \nabla n \tag{2}$$

其中,$u = u(s) = (x(s), y(s))^T$ 是射线轨迹,微分变量 $\mathrm{d}s = \mathrm{d}L/n$,$L$ 是射线光学长度,射线轨迹方程可以写成一个等价的一阶微分方程组:

$$\begin{aligned} \frac{\mathrm{d}u}{\mathrm{d}s} &= v(s) \\ \frac{\mathrm{d}v}{\mathrm{d}s} &= n \nabla n \end{aligned} \tag{3}$$

其中 $v = \mathrm{d}u/\mathrm{d}s$,方程组的边界由 u, v 的初始值给出。

图 1 简单描绘了射线追踪法。已知大气状态,即 GPS 射线轨迹方程(2)在掩星点的初始条件为 $\mathrm{d}u/\mathrm{d}s|_{s=0} = 0$,利用四阶 Runge-Kutta 的数值积分方法,从初始点高度沿水平方向分别向前和向后积分到 GPS 卫星高度(约 20200 km)和 LEO 卫星高度(约 800 km),积分结果可获得射线轨迹,以及弯曲角 γ 和 β,最终 GPS 卫星和 LEO 卫星的信号路径的弯曲角写成 $\alpha = \gamma + \beta$。

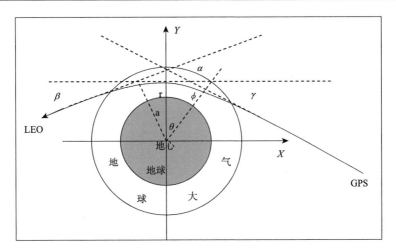

图 1　射线追踪法示意图
（假设射线切点两端影响参数相同）

对于这样一个观测算子，我们采用四阶 Runge-Kutta 法对射线轨迹方程进行数值求解。掩星事件所在平面 (r,θ) 中射线轨迹上任意一点的四个变量可以表示为如下形式的具体微分方程组：

$$
\begin{cases}
\dfrac{\mathrm{d}(r-r_t)}{\mathrm{d}s} = \cos\phi \\[2mm]
\dfrac{\mathrm{d}\theta}{\mathrm{d}s} = \dfrac{\sin\phi}{r} \\[2mm]
\dfrac{\mathrm{d}\phi}{\mathrm{d}s} = -\sin\phi\left[\dfrac{1}{r} + \dfrac{1}{n}\left(\dfrac{\partial n}{\partial r}\right)_\theta\right] + \dfrac{\cos\phi}{nr}\left(\dfrac{\partial n}{\partial\theta}\right)_r \\[2mm]
\dfrac{\mathrm{d}\alpha_{1/2}}{\mathrm{d}s} = -\sin\phi\left(\dfrac{\partial n}{\partial r}\right)_\theta
\end{cases}
\tag{4}
$$

其中，s 为沿射线路径上的距离，$r_t = a/(1+10^{-6}N)$，N 为折射率，n 为折射指数。ϕ 为局地（射线上任意某一点所处位置）半径矢量与射线切线的夹角。实际应用中，可近似认为 $1/n \approx 1$，且 $1/r(\partial n/\partial\theta)_r$ 远小于垂直梯度项，另外在切点附近射线折射角很大，$\phi \approx \pi/2$，故 $\cos\phi \times (\partial n/\partial\theta)_r \cong 0$，物理解释为切点附件射线几乎与 $(\partial n/\partial\theta)_r$ 平行，因此这是一个小项，射线折射角的形成主要是因为与射线垂直方向上的折射率梯度造成的。大量模拟试验表明，所用追踪算子中的一些假设引起的误差小于 0.05%。于是式（4）变成：

$$
\begin{cases}
\dfrac{\mathrm{d}(r-r_t)}{\mathrm{d}s} = \cos\phi \\[2mm]
\dfrac{\mathrm{d}\theta}{\mathrm{d}s} = \dfrac{\sin\phi}{r} \\[2mm]
\dfrac{\mathrm{d}\phi}{\mathrm{d}s} = -\sin\phi\left[\dfrac{1}{r} + \dfrac{1}{n}\left(\dfrac{\partial n}{\partial r}\right)_\theta\right] \\[2mm]
\dfrac{\mathrm{d}\alpha_{1/2}}{\mathrm{d}s} = -\sin\phi\left(\dfrac{\partial n}{\partial r}\right)_\theta
\end{cases}
\tag{5}
$$

式中 θ 为沿着射线路径上折射角，下标"1/2"表示此折射角只是射线某一侧（GPS 卫星一侧或 LEO 卫星一侧）的折射角。给定变量 $(r-r_t,\theta,\phi,\alpha_{1/2})$ 的初始值（掩星事件切点处的初值）

如下：

$$\begin{cases} r - r_t = 0 \\ \theta = 0 \\ \phi = \pi/2 \\ \alpha_{1/2} = 0 \end{cases} \tag{6}$$

若积分高度超过了 NWP 模式顶高度，则采用一维算法来得到高于模式顶部分的高度对折射角的贡献量：

$$\Delta\alpha_{1d}(a) = -a \int_{R_c + Z_{2d}}^{\infty} \frac{d(\ln n)/dx}{(x^2 - a^2)^{1/2}} dx \tag{7}$$

R_c 为地球曲率半径，Z_{2d} 为模式顶高度。

2.2　折射率计算方法的改进

无论弯曲角还是折射率的同化都需计算掩星折射率。在折射率观测算子中，传统方法假设大气静力平衡，遵守理想气体定律，但台风等剧烈天气现象发生时，上述假设通常不一定成立。又如在热带地区，受副热带高压影响，高层大气存在大范围强烈下沉运动，因下沉增温减湿形成干热气层覆盖在相对冷湿的陆地上，形成逆温，易导致超折射现象发生，而通过 Abel 逆变换得到的非局地折射率不能体现这些特征从而造成较大误差。因此，需要考虑大气非理想气体效应，以修正上述假设引入的误差。具体技术方法是，修正大气静力积分方程，并更新折射率计算系数。GPS 信号穿过大气层因折射而弯曲"延迟"，其中因频散大气造成的延迟主要集中在电离层，GPS 信号采用双频传送技术且延迟与信号频率平方成反比，因此电离层延迟误差可订正到毫米精度。而中性大气中，GPS 观测的折射率考虑为大气干空气分压 P，温度 T，水汽分压 e 以及液态水含量的函数，具体表示为

$$N^{obs} = k_1 P/T + k_2 e/T + k_3 e/T^2 + k_4 W \tag{8}$$

k_1, k_2, k_3, k_4 分别为常值系数。根据气体状态方程 $P = \rho_d R_d T$ 及 $e = \rho_v R_v T$，而 $\rho_d = \rho - \rho_v$，则有

$$N^{obs} = k_1 R_d \rho + (k'_2 + k_3/T)e/T + k_4 W$$
$$\equiv N^{dry} + N^{wet} + N^{LWC} \tag{9}$$

液态水含量 W 的单位为 g/m³，R_d 和 R_v 分别为干空气和水汽的气体常量，$k'_2 = k_2 - k_1 R_d/R_v$。右边第一项为干空气作用项（静力作用项），第二项为湿空气作用项（非静力作用项），第三项为液态水作用项。而对于饱和湿空气，状态方程又可写为

$$P = \rho R_d T(1 + 0.61 q_s) \tag{10}$$

q_s 为饱和比湿且与饱和水汽压 e_s 的关系为

$$q_s = 0.622 e_s(T)/[P - 0.378 e_s(T)] \tag{11}$$

因此 q_s 仅与温度有关，于是有

$$e_s(T) = 6.112 \exp[17.67(T - 273.15)/(T - 29.65)] \tag{12}$$

$$\rho = P\{R_d T[1 + 0.61 \times 0.622 e_s/(P - 0.378 e_s)]\}^{-1} \equiv \rho(P, T) \tag{13}$$

饱和有云状态下，密度 ρ 仅与温度及气压有关。从云顶开始，云中的温压廓线可以从观测的折射率计算得到。对于离散化的静力方程 $\Delta P/\Delta z = -\rho g$，用下标 m 表示垂直层，$m = 0$ 表示云顶，则可以对静力方程进行积分，从而由 m 层得到 $m+1$ 层的气压，即

$$P_{m+1} = P_m - g_m \rho_m (z_{m+1} - z_m) \tag{14}$$

其中 $\rho_m = \rho_m(P_m, T_m)$，$g_m$ 为当前纬度上的重力常数。值得注意的是，$z_{m+1} < z \leqslant z_m$ 的高度层内假设了 ρ_m 为常值，导致静力平衡出现微小偏差。$m+1$ 层的温度可以从观测的折射率计算得到，而气压则可以从离散静力积分方程得到。通常云区只占据部分区域，因此，如同在 NWP 模式中通常对相对湿度设置一个阈值（比如 85% 而非 100%）来标识利于对流发展的条件一样，我们引入一个经验参数 μ，GPS 折射率则表示为晴空折射率和云区折射率的加权函数

$$N_{m+1}^{\text{obss}} = (1 - \mu)N_{m+1}^{\text{clear}} + \mu N_{m+1}^{\text{cloud}} \tag{15}$$

其中 $N_{m+1}^{\text{clear}} = N_{m+1}^{\text{dry}} + N_{m+1}^{\text{wet}}$，$N_{m+1}^{\text{cloud}} = N_{m+1}^{\text{dry}} + N_{m+1}^{\text{sat}}$，$N^{\text{sat}} = 3.73 \times 10^5 e_s/T^2$。经验参数 μ 计算如下

$$\mu = \begin{cases} 5.273 I_{WC} + 0.6849, & I_{WC} \leqslant 0.05975 \text{ g/m}^3 \\ 1 & I_{WC} > 0.05975 \text{ g/m}^3 \end{cases} \tag{16}$$

I_{WC} 为垂直平均冰水含量。另外，若不引入 N^{LWC}，即不考虑水物质的影响，则折射率计算会出现正偏差，因而只有当液态水含量小于 0.05 gm^{-3} 时才不予考虑，同时云区折射率事实上已经部分考虑了液态水的影响。

而对于非理想气体的压缩效应，在静力方程的积分和折射率的估算中都应当有所考虑。非理想气体状态方程可写为

$$p = \rho R T_v z \tag{17}$$

式中，p 为总气压，ρ 为空气密度，R 为干空气常量，T_v 为虚温，z 为湿空气压缩性系数，表征非理想气体效应，例如分子本身及分子互相吸引尺度，且其为气压、温度和水汽压的函数。理想气体中 $z=1$，但在经典对流层中 z 约为 0.9995，故偏差约为 0.05%，Picard 等[19] 对 z 进行了多项式扩展，本研究引入此技术，在静力积分中考虑压缩性，则位势高度变为

$$h = -\int \frac{zRT_v}{g_oP} \mathrm{d}p \tag{18}$$

式中，$g_o = 9.80665 \text{ m/s}^2$。当系数 $z < 1$ 时，表明考虑空气压缩性后会减小模式层高度。本研究实际计算中，计算模式层之间的厚度时忽略非理想气体效应的具体计算，仅采用两层高度的平均值来估算压缩性影响。通过此空气压缩性调整，我们发现在 100 hPa 模式层附近高度变化约为 7 m，而对于折射率计算中的 7 米高度差异，弯曲角正演计算值减小约 -0.1%。另一方面，在模式层上计算折射率时理应对非理想气体效应有所考虑，包含非理想气体压缩性影响的折射率计算式可表示如下[20]

$$N = \frac{k_1 P_d}{z_d T} + \frac{k_2 e}{z_w T^2} + \frac{k_3 e}{z_w T} \tag{19}$$

式中，z_d、z_w 分别为干空气和水汽的压缩性系数，它们的估定采用 Picard 等提出的多项式来计算，这一调整增大折射率的计算值，而静力方程积分中考虑压缩性影响则是减少折射率计算值。本研究中，观测算子各项压缩性系数采用 Rueger 等提出的最优平均系数，但对折射率表达式中的 k_1 进行了调整以表征压缩性影响，即 $k_1 = 77.643 \text{ KhPa}^{-1}$[21]，这导致计算值缩小约 0.05%。

2.3 云导风资料观测算子

先把云导风分解为 u、v 分量，然后用加权平均内插法插值到模式网格点上，稀疏方法并非简单间隔抽取，而是采用权重平均方法插值到模式格点：

$$w_i = 1/(1 + a r_i^2), \qquad r_i^2 = (\Delta x_i)^2 + (\Delta y_i)^2 \tag{20}$$

$$a = \begin{cases} 4, & p = 850 \text{ hPa} \\ 3, & p = 700 \text{ hPa} \\ 2, & p = 500 \text{ hPa} \\ 1, & p = 200 \text{ hPa} \end{cases} \tag{21}$$

$$f_j = \sum_{i=1}^{m} w_i f_i / \sum_{i=1}^{m} w_i \tag{22}$$

w_i 为权重,a 为所在层次的权重系数,Δx_i,Δy_i 分别为格点与资料点之间在 x 和 y 方向上的距离,f_j 为风场平均内差值,f_i 为资料点风场分量。参数 a 的作用是对垂直分层的划分,由于卫星云导风垂直分布复杂,且不在标准层次上,高层云导风资料较多,中、低层资料较少,因而将云导风资料的风场按接近的标准等压面层划分,可以有效显示云导风矢量的垂直分布特征。另一方面,由于云导风的精度难以确定,当风速大小与背景场或周围云导风资料相差较大,而风向却相差较小时,可认为风向是准确的,此时仅对风向进行同化,因此需要对模式格点上的风向进行计算。

3　同化模型与试验资料

3.1　RUC 系统构建

资料同化窗口设计为同化时刻前后 3 小时,且经过二次循环才进行 72 小时天气预报。一方面是由于 3Dvar 同化方法都是在模拟初始时刻前后数小时的观测资料,由于同化窗口短(单时次 3Dvar 同化窗口不宜超过 6 h),一般只能利用到很少的卫星资料,有时甚至没有,因此并不能有效改善区域数值预报效果。而资料循环同化方案能够同化一个时间段内几乎所有的观测数据,大大提高资料的使用率。另一方面循环同化 3Dvar 扩展的同化时段恰好可提供模式进行动力调整,从而有效消除模式预报的 spin up 现象。为此设计循环同化方案,并将预报启动分为冷启动和热启动两种方式。引入 WRF 模式及 WRF 三维变分同化系统,建立 3 h 更新快速循环同化系统(3 h Rapid Update Cycle,简称 RUC),对 GPS 掩星资料进行同化,并建立可扩充接口,最终生成能够满足业务需求的丰富的预报产品。RUC 系统在高分辨率数值模式基础上,采用高频次更新周期的同化分析吸收密集的观测资料为数值模式提供高质量的初始场来进行精细的数值预报。循环资料同化子系统由背景场资料(异模式)预处理、观测资料处理与质量控制、3Dvar 变分同化系统、区域中尺度数值模式 WRF、数字滤波处理等部分组成。循环资料同化流程见图 2 所示。

3.2　FY-3 GNOS 资料

为了进一步检验 FY-3C 卫星 GNOS 资料的同化效果,在区域中心(25.5°N,120.5°E),格点分布(东西 151×南北 125)范围内,对 2014 年 8 个台风个例进行了 GPS 折射角资料同化实验。

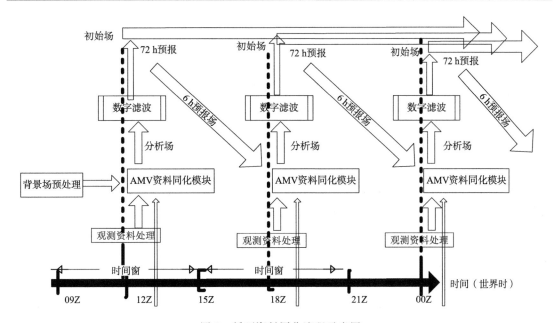

图 2　循环资料同化流程示意图
（实际同化试验中采用 3Dvar）

3.3　FY-2 云导风资料

　　FY-2 云导风资料通过连续的 3 幅卫星图像,采用相关系数追踪法追踪云和水汽分布图型的模板图像随大气的流动而得到。本文试验中针对 2014 年 10 个台风个例,在区域中心 $(25.5°N,120.5°E)$,格点分布(东西 151×南北 125)范围内对 FY-2E 导风资料进行同化分析。

4　试验分析

4.1　试验设计

　　基于 WRF3.5.1 模式及其变分系统,对风云卫星云导风资料、GNOS 弯曲角资料进行 3Dvar 实验,分析单独资料同化对台风路径预报以及联合资料同化对台风路径预报的影响。台风个例明细如表 1,从中抽取个例分别对三种情况进行同化分析。

表 1　台风个例明细

编号	名称	模拟时段
1408	Neoguri(浣熊)	2014070700 UTC—2014071000 UTC
1409	Rammasun(威马逊)	2014071612 UTC—2014071812 UTC
1410	Matmo(迈德姆)	2014072200 UTC—2014072500 UTC
1411	Halong(夏浪)	2014080400 UTC—2014080700 UTC
1412	Nakri(娜基利)	2014080112 UTC—2014080312 UTC
1415	Kalmagi(海鸥)	2014091400 UTC—2014091700 UTC
1416	Fungwong(凤凰)	2014091912 UTC—2014092212 UTC

续表

编号	名称	模拟时段
1418	Phanfon(巴蓬)	2014100300 UTC—2014100600 UTC
1419	Vongfong(黄蜂)	2014100712 UTC—2014101012 UTC
1419	Vongfong(黄蜂)	2014101000 UTC—2014101300 UTC

模式区域设置：区域中心($25.5°N,120.5°E$)，格点分布(东西 $151 \times$ 南北 125)，格距 45 km，垂直分层为垂直不均匀的 51 层，模式顶高度 10 hPa，不做嵌套。参数化方案：微物理方案为 WSM 3-class simple ice scheme，积云参数化方案为 Kain-Fritsch(new Eta)scheme，陆面过程方案：thermal diffusion scheme，边界层方案：YSU scheme。

4.2 FY-3 GNOS 同化试验

由于同一时刻 GNOS 资料可用量较少，严格按照 COSMIC 弯曲角资料质量控制方法进行剔除会导致参与同化的资料剧减。因此，我们采用误差权重调整方法进行质量控制。设观测弯曲角为 A_1，模拟弯曲角为 A_2，信息向量为 D，误差为 E，则定义判据 S 如下：

$$S = 0.5 \frac{|A_1 - A_2|}{A_1 + A_2} \tag{23}$$

当 $S < c_1$ 时，$D = A_1 - A_2$，E 不变

当 $c_1 \leqslant S < c_2$ 时，$D = A_1 - A_2$，$E = E^o \cdot \sqrt{\exp[\min(\alpha S, \beta)]}$

当 $S \geqslant c_2$ 时，$D = 0$

经过大量试验对比，选取 $c_1 = 0.15$，$c_2 = 0.5$，$\alpha = 30$，$\beta = 25$，E^o 为原观测误差协方差。此做法使得异常资料有效剔除的同时，还确保了参与同化的资料量不至于减少太多，且对异常特性较微弱的资料予以保留，仅降低其权重比例。

8 个台风个例试验中，参与同化的弯曲角资料明细如表 2 所示。资料垂直分辨率约 200 到 300 m，忽略 300 km 以内的切点飘移影响，因为可用资料量较少，将分析时刻前后 3—4 小时的资料用作同化分析，且不考虑垂直方向上的稀疏影响。由于各个台风个例试验质量控制剔除量不尽相同，资料量(各廓线上各掩星事件点数目总和)与廓线数无必然联系。

表 2　台风个例试验所使用的弯曲角资料量

台风编号	廓线数	资料量
1408	13	1163
1409	11	852
1410	14	695
1411	17	1507
1412	12	1085
1415	13	817
0818	14	1221
0819	10	1225

图 3 为 8 个台风个例资料廓线分布图(每个台风总计数目)。考虑到 GNOS 掩星资料水平分辨率较低，本研究中，为了保证可用资料量足够多足以影响台风外围大气环流形式，粗区域范围设计得较大，尽管如此，每个台风个例中观测资料量仍偏少，资料分布状态总体而言模式区域北侧多于南侧，海洋和陆地资料分布总体大致相当。

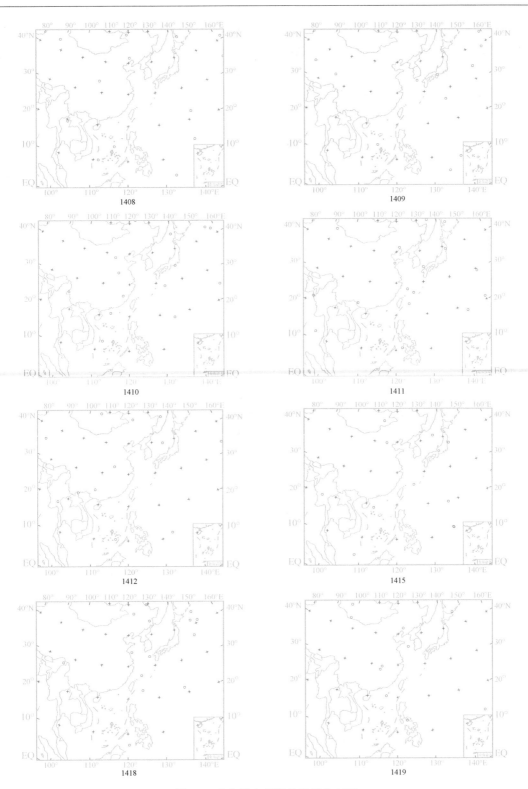

图 3 8个台风个例资料廓线分布图

（每个台风总计数目）

　　图 4 为台风移动路径。台风路径观测资料取自中国台风网（http://112.124.12.97：8080/Typhoon/public/index.html）。试验中,以海平面气压场最低值点确定台风中心,为避免因模式格距较大而导致的台风中心定位误差,台风中心位置由海平面气压场最低值点及其周围四个点进行曲面插值确定。从图中可定性看出,同化方案中,1411、1415、1418、1419 号台风的路径模拟结果较参照试验有所改善。从移动趋势看,其余 4 个未取得明显改进的台风其路径预报与参照试验基本相当,资料的影响偏小,其原因有待进一步考查。

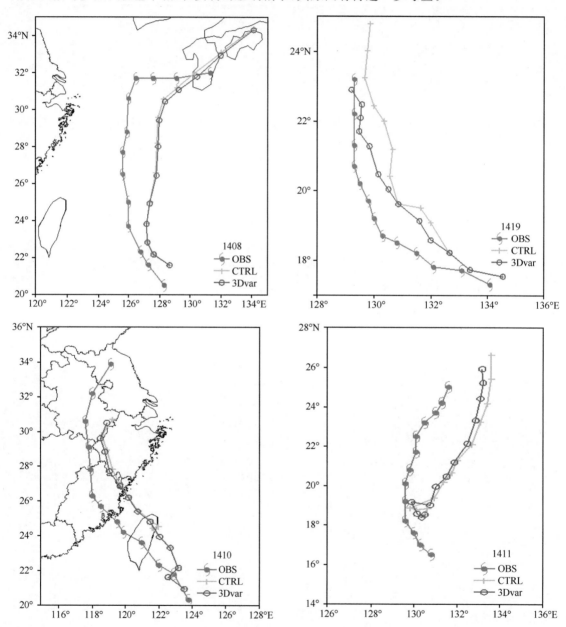

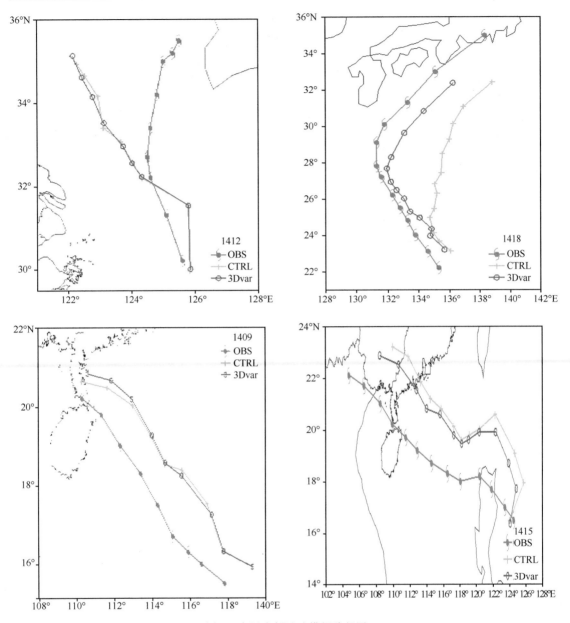

图 4　台风个例试验模拟路径图

图 5 是对台风进行了路径误差统计汇总，可看出，总体上同化方案中台风路径预报效果得到了一定程度的改进，相对于参照试验，路径误差减小了约 14.6%。

图 6 是台风强度变化曲线图。总体上，同化方案中，除了 1418 台风，其他个例台风强度与参照试验基本相当，一定程度上说明同化掩星弯曲角资料对改进台风强度几乎无能为力。所幸台风强度是否改善与路径预报的改进无必然联系，而对于台风系统而言，防灾减灾工作对其路径的关注强于对其强度的考虑。

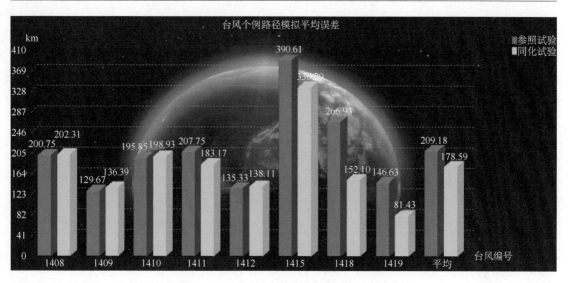

图 5　对台风进行了路径误差统计汇总

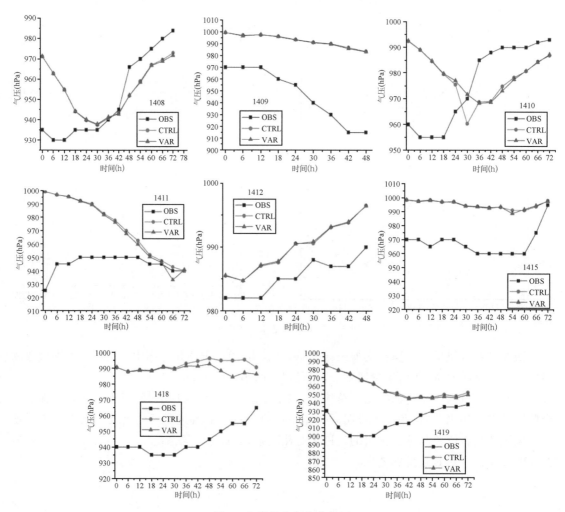

图 6　台风强度变化曲线图

为进一步分析台风路径改善或未能改善的原因,特意对同化前后初始场风场、温度、湿度及位势高度与探空资料的偏差进行比较分析,即同化后初始场与探空资料的偏差减去同化前初始场与探空资料的偏差。每个台风个例试验中,选取一根与 GNOS 掩星资料廓线距离最近且不超过 200 km 的探空廓线,分别计算同化前后此探空资料廓线所在位置上模式初始场中的各个变量(充分受到 GNOS 资料影响)与探空资料的偏差绝对值,然后,同化后的偏差绝对值减去同化前偏差绝对值,结果如图 7 所示,除了 1409 台风,其他台风个例的结果大多分布在零线左端(即结果为负值),表明同化后初始场与探空资料相比偏差普遍较小,表明了同化的有效性。图中还看到,比湿的误差改进程度最大,且与其他变量在高层变化较明显的特点不同,比湿的误差改进主要集中在中低层。由于同化过程中平衡方程的作用及变量的水平递归滤波、垂直 EOF 分解及物理变换等处理过程,使得尽管弯曲角正演过程仅涉及温度、湿度及高度的同化,但风场的变化也相当明显。另外,1409 台风个例试验中的误差改进不明显,甚至出现负效应,这与其路径预报效果较参照试验反而较差的结果相吻合。

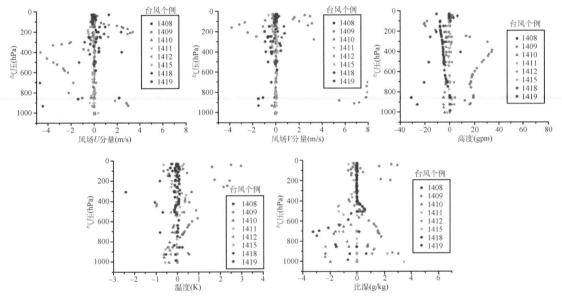

图 7　同化前后初始场风场、高度场、温度、湿度与探空资料的偏差的比较

为了考查同化前后与探空资料相比初始场误差的系统性分布及高度分布特性,对 1411 台风个例试验进行了分析,计算过程与图 7 中结果类似,区别仅为计算的同化前后误差未取绝对值,结果如图 8 所示,水汽误差在低层未有改进,在中高层改进较明显,原因为低层的 GNOS 弯曲角资料较少,且低层弯曲角模拟误差较大。温度误差的改进状况则与湿度场相反,具体原因有待考查。另外,可看出,与探空资料相比,背景场误差皆呈现偏负性质,这在其他台风个例中也普遍存在,说明全球分析场存在系统性偏差,同化效果仍有改进空间。

图 9 为 1415 台风个例试验同化前后初始场增量。由于资料较被剔除量较大,初始场变化主要集中在日本岛附近的三根 GNOS 资料廓线所在位置。高度场增量可看出副高有所增强,副高增强;风场增量也表明副高边缘更靠北方,副高加强;湿度场增量表明台风区域附近水汽有所增加,同化后能改善水汽输送状况;温度增量则也同时表明副高的高温天气更向北扩展,副高增强。由于同化后副高增强,使得台风西行路径更为明显,台风路径模拟有所改善。

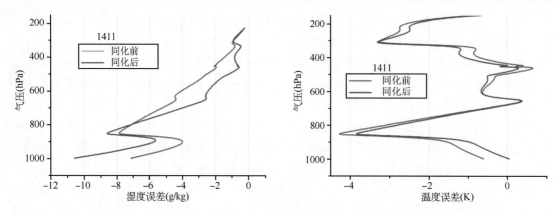

图 8　1411 台风个例试验同化前后初始场温度、湿度与探空资料的偏

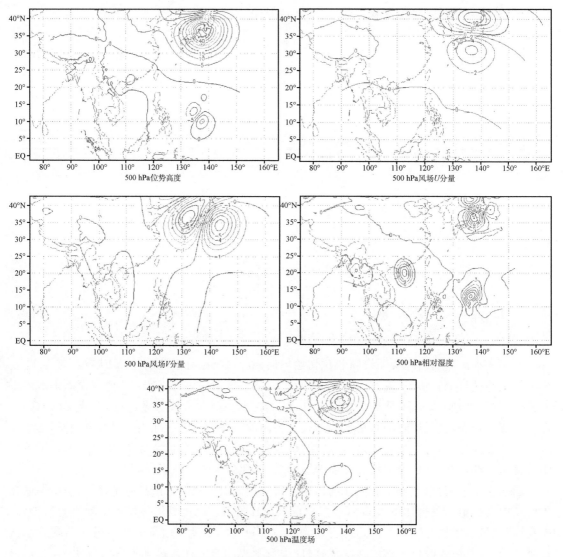

图 9　1415 台风个例试验同化前后初始场增量

4.3　FY-2 云导风资料同化

针对 2014 年 10 个台风个例,对风云卫星导风资料进行 3Dvar 实验。图 10 为 1409、1410 台风模拟时段初始时刻的云导风资料分布状况(忽略高度)。参与两次同化的云导风资料观测点个数分别为 10267 和 19856,为了风速、风向分开处理,每个观测点同化变量含全风速、风向两个量,故总资料量为观测点的 2 倍。图中可看出,资料大体上覆盖了整个模式区域。资料分层统计情况大致为:无 850 hPa 以下资料;850～700 hPa 为 0.36%;700～500 hPa 为 0.45%;500～200 hPa 为 56.4%;200 hPa 以上为 42.8%,高层资料多于低层,由于资料较密集,资料稀疏过程须包括水平、垂直两个方向。其他台风个例所使用资料类似,不再详述。

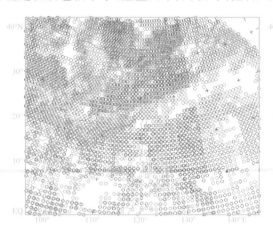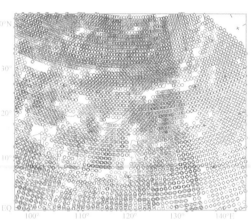

图 10　云导风资料分布

(忽略高度)

表 3 及表 4 是质量控制情况统计信息。从表 3 中看到,物理意义检查步骤中,资料剔除量皆为 0,原因为资料转码处理时去掉了无效值,同时也表明资料较数据较正常;第 4 步中,高度匹配调整出现剔除资料的情形,是因为空间一致性检验中,考虑到尽管风速一致性差,但风向整体一致性较好,保留了风向参与同化,但观测点风速与观测点临近两个模式层的风向差异实在太大超过合理范围时,对此观测点资料进行整体剔除;第 5 步中,为了便于实施和与背景场更为相容,高斯分布检验参考变量场直接采用背景场,剔除量较稳定,表明经过前面步骤控制后,资料分布特性较优良;第 6 步中,变分高度调整不对资料进行剔除;同时可看出,经质量控制后资料使用量处于 60%～80% 之间。表 4 中,显示了三个起到高度调整作用的质量控制步骤中被调整的观测点数目,第 3 步空间一致性检验中,考虑到多层云的情形,同时为了考察高度调整合理性,未对高度调整幅度进行限制,平均调整幅度普遍较大,但均未超出合理范围(本文定义为 100 hPa 以内),第 4 步由于是在两个模式层之间进行调整,调整量较小,第 6 步变分高度调整中,调整量被限制在了 100 hPa 的阈值以内,但事实上,平均调整幅度远小于此阈值,说明通过整体性调整,高度全局性调整较合理,仅体现较弱的系统性偏差。需要指出的是,本文中,为了便于实施,变分高度调整参考量仍然直接采用背景场,导致调整后的观测量预先就从高度上逼近了背景场,导致后续同化迭代中,从风场上逼近背景场时,很快收敛终止,对背景场的双重逼近作用造成虚假不合理调整现象,因而,此调整步仅用于检查资料系统性偏差特性,未用于实际同化,表 4 中看到,调整量多为正值,表明系统性偏差多为偏高现象。

表 3　　质量控制信息统计(资料剔除部分)

台风编号	total	step1	step2	step3	step4	step5	step6	precent
1408	38786	0	5144	7706	4	580	0	34.6
1409	20534	0	3582	4342	0	207	0	39.6
1410	39712	0	3773	4956	0	241	0	22.6
1411	26760	0	4349	5634	0	413	0	38.8
1412	36944	0	2996	4154	0	231	0	19.9
1415	23856	0	3512	4790	3	372	0	36.4
1416	22896	0	2793	4894	0	328	0	35.0
1418	38570	0	4068	6560	52	572	0	29.2
14191	27664	0	2619	4894	28	399	0	28.7
14192	33504	0	3933	7800	56	526	0	25.1

表 4　　质量控制信息统计(资料高度调整部分)

台风编号	total	step1	step2	step3	step4	step5	step6
1408	19393	6173	13379	11983			
1409	10267	2220	6620	5785			
1410	19856	1828	5870	5025			
1411	13380	3494	8761	7630			
1412	18472	1712	5922	5162			
1415	11928	2564	8049	7138			
1416	11448	2251	7792	7101			
1418	19285	5462	14248	13073			
14191	13832	2733	10216	9509			
14192	16752	4238	11104	10082			

图 11 为质量控制前后全风速与探空资料的偏差,即分别计算每个台风个例试验中,云导风资料所在位置与周围探空资料水平距离小于 1 个格距(45 km)、垂直距离小于 10 hPa 的所有云导风资料点上,质量控制前后风速与探空资料的偏差绝对值(绝对误差)的平均值。可看出,质量控制后偏差普遍减小。

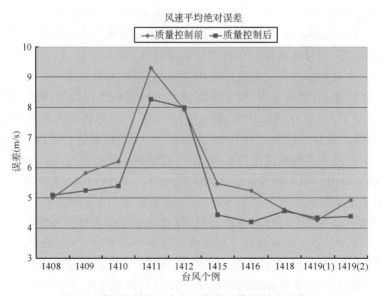

图 11　质量控制前后全风速与探空资料的绝对偏差

由于不同高度上风速量级不相同,会导致高层资料多的情况下绝对偏差平均值大于高层资料较少的情况下的绝对偏差,因而,采用平均相对偏差作为衡量标准进行计算,结果如图 12 所示,相比图 11,更能明显看出,除了 1409 台风,其余台风个例同化后偏差皆不同程度减小。

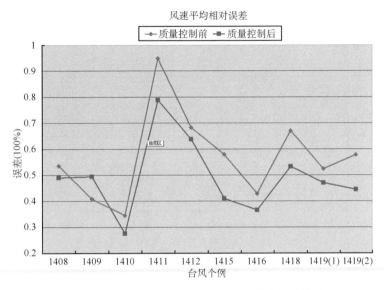

图 12　质量控制前后全风速与探空资料的相对偏差

仅对风速偏差进行考量不足以说明质量控制后风场偏差的改善情况,须对风向进行考查才能确定云导风质量的控制情况。图 13 为风向平均绝对误差,尽管风向在低层误差大于高层,但其对高度的敏感性远小于风速,因而可以高低层综合考虑,即仅考量绝对偏差的变化情况。图中可看到,10 个台风个例中,质量控制后风向偏差皆明显减小,结合风速偏差变化状况,表明质量控制效果较好。

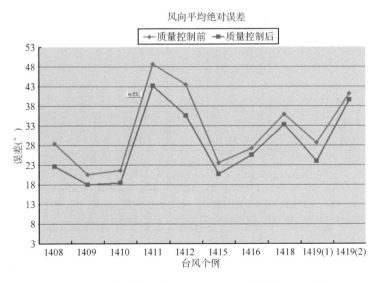

图 13　质量控制前后全风速与探空资料的平均绝对偏差

图 14 为质量控制前后可参与偏差计算的云导风资料数目（减少的数目即为剔除掉的异常资料数目），此数目的变化可作近似视作整体剔除量的抽样统计结果，可看出，资料剔除量较大，部分台风个例云导风剔除数目几乎接近原数目的一半。图 15 为台风个例模拟路径。

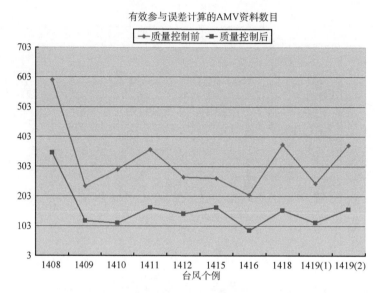

图 14　质量控制前后可参与偏差计算的云导风资料数目

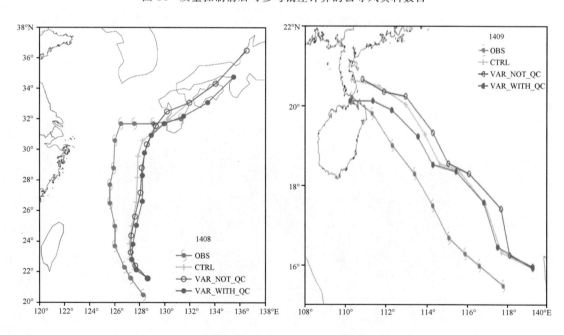

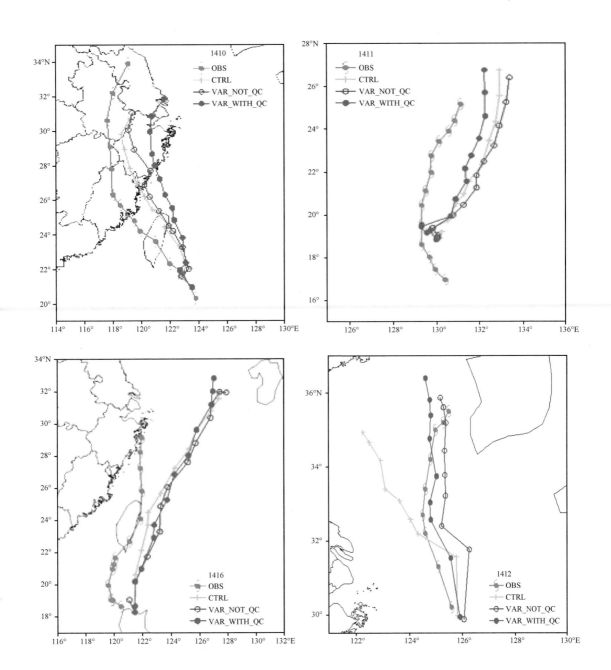

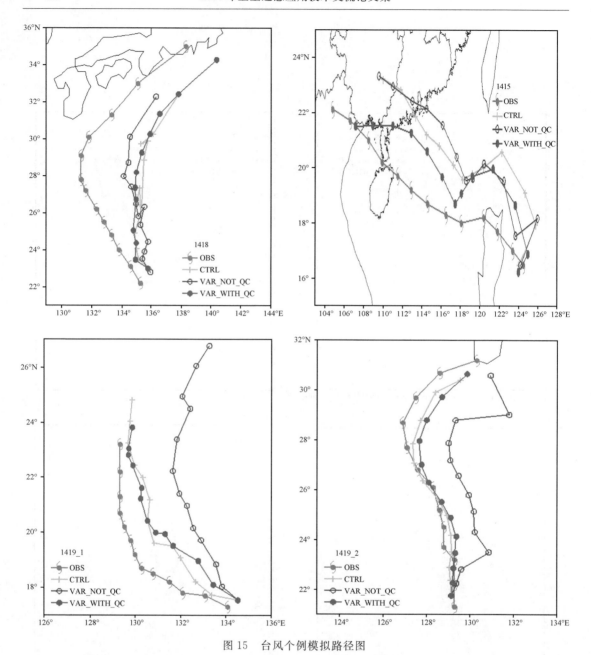

图 15　台风个例模拟路径图

表 5 是台风路径模拟误差统计。台风观测资料取自中国台风网（www.typhoon.gov.cn）。由于模式格距较大，试验中台风中心位置由海平面气压场最低值点及其周围四个点进行曲面插值确定。监测的台风中心位置数据本身也会不同程度地存在误差，因而，本台风路径模拟误差统计信息仅作为一个量化参考，但对于台风移动趋势的比较是非常有意义的。一些台风路径预报结果中，尽管具体误差改进不是很明显，但移动趋势或移动方向则得到了很大改进，这对防灾减灾工作仍具有一定价值。平均而言，对比参照试验，无质控的同化方案路径误差增加了 16.2%，有质控的同化方案路径误差减小了约 11.4%（三个方案 10 个台风平均路径误差分别为 225.62 km，262.21 km，199.91 km）。10 个台风个例模拟的路径图见附录。

表5 台风路径预报偏差统计(km)

台风编号 \ 时间	0 h	6 h	12 h	18 h	24 h	30 h	36 h	42 h	48 h	54 h	60 h	66 h	72 h	平均
1408	125.2	71.6	75.3	123.5	142.8	215.8	227.6	211.8	215.2	257.6	255.6	313.5	374.3	200.8
	125.4	97.5	119.7	156.3	179.2	257.8	281.8	311.7	329.7	355.1	438.0	545.1	692.0	299.2
	126.2	76.1	83.4	151.4	178.1	262.0	267.6	266.2	283.2	325.3	373.0	433.9	495.4	255.5
1409	165.8	126.6	173.8	193.9	121.5	121.5	132.8	82.8	48.4					192.7
	166.5	166.4	228.4	206.7	142.6	148.3	152.9	86.1	74.4					152.5
	165.4	111.4	172.9	187.7	113.0	103.8	97.4	34.8	14.2					111.2
1410	73.5	34.4	120.4	173.3	178.8	253.0	233.8	223.5	203.8	199.2	221.9	272.5	357.0	195.8
	74.5	27.1	141.1	197.4	237.1	248.3	279.7	260.9	253.1	321.7	264.3	262.0	317.8	221.9
	74.0	25.4	114.6	193.5	253.6	282.3	323.9	344.5	301.0	294.5	301.0	299.9	326.2	241.0
1411	225.7	205.4	130.0	77.1	141.1	186.2	204.9	203.7	272.9	264.2	250.4	268.0	270.6	207.7
	229.1	181.3	157.5	106.5	174.9	224.0	272.9	241.1	281.0	290.7	265.6	284.4	288.4	230.6
	221.3	211.8	130.1	97.2	161.0	184.0	224.0	179.2	209.7	211.5	206.6	218.0	221.0	190.5
1412	34.1	70.7	25.1	45.5	94.4	179.5	209.4	259.7	299.1					135.3
	58.4	122.3	63.1	100.1	81.5	56.6	42.0	45.0	49.3					68.7
	42.4	51.4	44.9	45.9	55.4	61.8	46.0	82.0	127.2					61.9
1415	53.8	274.9	339.5	326.6	330.1	329.6	395.2	469.0	462.2	488.7	510.9	551.0	546.0	390.6
	30.9	302.3	200.5	262.9	342.0	328.2	428.3	510.7	524.4	521.8	491.5	470.8	506.5	378.5
	61.7	166.3	221.7	219.1	221.0	187.7	300.4	338.7	332.0	331.7	262.4	241.6	251.2	241.2
1416	105.4	184.1	239.5	343.1	397.4	434.4	550.5	597.2	582.8	562.8	621.3	645.9	608.8	451.8
	76.9	198.0	211.8	348.4	430.2	522.0	612.1	683.0	644.8	689.5	652.4	674.7	646.7	491.5
	105.4	198.0	211.8	268.0	369.4	396.1	543.8	559.5	545.8	562.8	652.4	641.0	630.1	437.2
1418	105.7	73.9	126.5	161.7	255.8	318.7	348.4	434.2	412.4	384.3	259.0	320.0	292.0	268.7
	95.2	96.1	180.9	257.2	251.1	325.7	385.9	392.6	377.7	325.4	307.5	325.9	352.2	282.6
	100.2	52.3	127.9	152.3	256.7	287.6	328.7	365.6	395.2	396.5	309.2	259.3	205.0	249.0
1419 (1)	55.5	31.3	76.1	110.6	143.7	116.6	147.0	187.1	218.1	204.5	219.5	208.2	187.3	146.6
	55.5	87.6	195.2	225.1	261.6	327.3	318.5	340.3	427.6	530.6	494.1	550.3	564.9	336.8
	55.5	58.1	148.6	146.1	168.4	156.6	147.0	176.0	177.4	201.2	171.2	101.6	88.3	138.1
1419 (2)	50.3	27.7	44.2	43.3	49.1	42.4	59.1	54.2	78.3	105.4	104.0	89.2	113.1	66.2
	51.6	10.2	53.7	211.1	146.1	159.5	168.8	188.6	205.6	226.5	204.9	360.2	90.4	159.8
	51.0	11.2	39.8	59.9	72.0	62.9	76.0	75.0	101.7	111.6	111.8	109.1	73.9	73.5

注:每个台风个例中的三行从上往下分别为参照试验、无质量控制的试验及有质量控制的试验结果。

图16为台风个例路径模拟的平均误差,可看出,除了1410台风,其他个例中经过质量控制后的效果皆有改善,而台风1408、1419(2)中,尽管经质量控制后误差仍比参照试验大,但已经远小于无质量控制的方案,表明质量控制将对同化效果产生不利影响的资料进行了剔除,但由于资料本身误差特性以及资料与背景场的不协调性较大等因素,仍难以取得改进效果。另外,三个未取得改进的个例,其观测资料量皆较大,说明,资料量增加后,资料相关性增大,中小尺度扰动增多,甚至出现虚假扰动,导致同化效果有所下降,因此数据稀疏方法有待进一步改进。

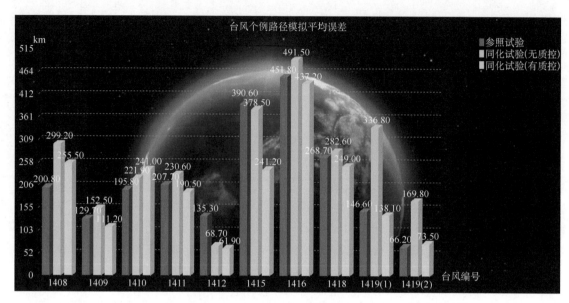

图 16　台风个例路径模拟平均误差

　　图 17 为台风个例路径模拟的平均误差。与参照试验相比,无论是否采用质量控制,台风强度的改变皆较小,改进作用不明显,说明仅同化风场资料难以对台风强度起到较大的影响作用,这与当前众多研究成果中卫星资料对台风强度数值预报效果改进有限的结论相符合,因而,增加对 Bogus 资料的同化不失为解决强度预报难题的途径之一。

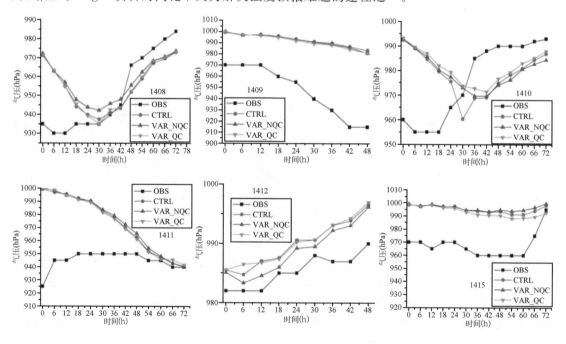

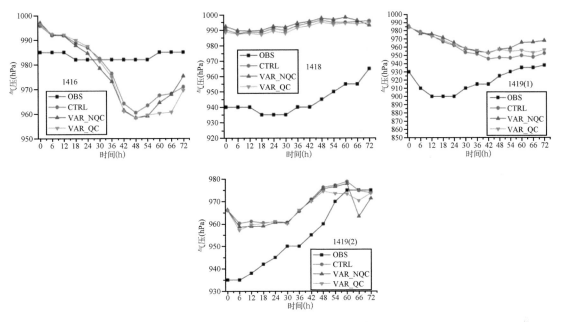

图 17　台风个例模拟强度变化曲线

图 18 为 1412 台风有质控的同化试验中,同化前后的初始场增量。可看出,同化风云卫星云导风资料,初始场风场改变明显,改善高低压系统的配置关系,直接影响台风路径预报效果,同时也间接影响温度场和湿度场,并使得初始场中中尺度信息有所增加,直接影响台风的移动路径。

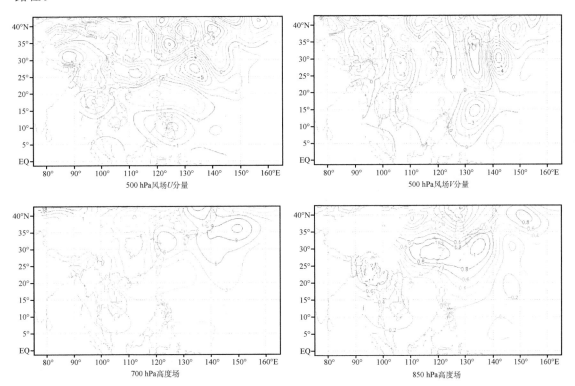

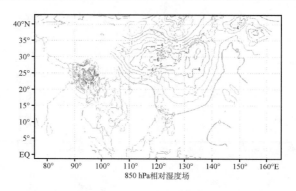

图 18　1412 台风同化前后的初始场增量

4.4　掩星 GPS 弯曲角和云导风集成同化

为了考查针将掩星 GPS 弯曲角和云导风同化模块集成后的同化效果,对 2014 年 2 个台风个例,对 GNOS 掩星弯曲角资料和风云卫星导风资料进行 3Dvar 实验。

图 19 为台风移动路径图。两个台风经同化后路径预报有较大改善。

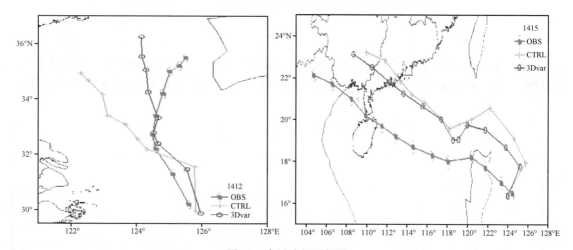

图 19　台风路径预报图

图 20 为两个台风个例的路径误差柱状图。图中看出 1412 台风改进更为明显。1412 台风同化前后的平均路径误差分别为(整个 48 h 模拟时段内平均)135.33 km 和 55.38 km,路径预报误差减小了 59.1%。1415 台风同化前后的平均路径误差分别为(整个 72h 模拟时段内平均)390.61 km 和 326.58km,路径预报误差减小了 16.4%。综合两个台风来看,同化 GNOS弯曲角资料及风云卫星资料后,路径预报效果提升了 37.75%。

为了与单独同化 GPS 资料和单独同化 AMV 资料的效果进行直观对比,图 21 给出了单独同化弯曲角资料和云导风资料的模拟移动路径与集成同化路径的比较。从移动趋势的角度看,同时同化两种资料一定程度上表现出分别单独同化一种资料所产生效果的叠加效应,且并非简单线性叠加。然而,具体路径的改进情况须计算出具体路径误差并进行比较。

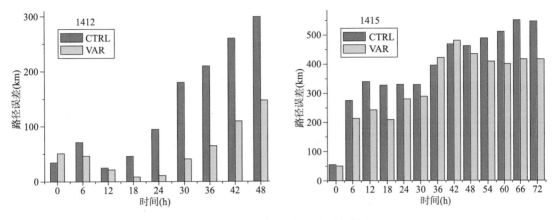

图 20　台风个例的路径误差柱状图

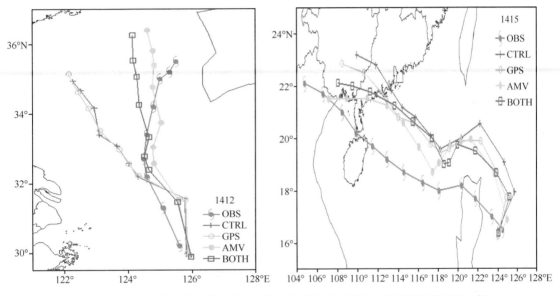

图 21　单独同化弯曲角资料和云导风资料的模拟移动路径与集成同化路径的比较

表 6 给出了图 21 中台风移动路径平均模拟误差的比较。对比单独 GNOS 资料同化试验和单独云导风资料同化试验,得出以下结果:(1)单独同化弯曲角资料未能提升 1412 台风路径预报,集成后,借助云导风资料作用,路径预报得到了显著改善;(2)单独同化弯曲角资料使 1415 台风路径预报误差减小了 13.9%,集成后,进一步减小了路径误差;(3)单独同化风云卫星云导风资料使 1412 台风路径预报误差减小了 54.2%,集成后,路径预报进一步减小至 59.1%;(4)单独同化风云卫星云导风资料使 1415 台风路径预报误差减小了 38.2%,集成后,路径误差仍减小了 22.1%,保持了改进效果。

表 6   台风移动路径模拟误差改进情况

EXP	1412		1415	
	误差(km)	改进比(%)	误差(km)	改进比(%)
CTRL	135.33	0	390.61	0
VAR_GPS	138.11	−2.06	336.29	13.91
VAR_AMV	61.93	54.24	241.24	38.24
VAR-BOTH	55.38	59.08	304.54	22.04

5   结论

基于 GNOS 掩星和 LEO 低轨接收卫星之间的相对运动,每天可以获得均匀分布全球的 GNOS 折射角资料,可以弥补海洋和极地等区域的观测资料稀缺问题,同时 GNOS 折射角观测算子中考虑了每个 GNOS 掩星观测值代表射线路径上大气对无线电波传播路径的一个累积效应,因此,同化 GNOS 折射角观测资料理论上合理,同时具备实际需求应用价值。采用射线追踪观测算子,基于 WRF 模式变分系统设计了 GNOS 折射角资料 3Dvar 快速循环同化系统,GNOS 模拟计算对流层采用射线追踪法,平流层往上采用一维算法。对 2014 年 8 个台风个例进行了 GNOS 资料 3Dvar 同化个例试验。

(1)采用射线追踪法同化 GPS 折射角资料能够明显改变初始温湿场分布,有效缩小其与无线电探空观测之间的差异。同时高度场等动力特征得到较大幅度调整。

(2)由于 GPS 掩星资料时空分辨率较粗,落在台风中心附近的观测资料较少,初始场中的被优化量多为台风区域外围大环境场,通过改变初始场中台风外围环境场,间接地在积分预报过程中影响台风移动路径。

(3)GNOS 弯曲角资料同化对改进台风路径预报效果起到正效应,但 GNOS 资料在某同化窗时间段内资料量偏少,且资料质量及误差特性有待进一步研究,因而 GNOS 资料同化效果尚具有很大提升空间。

风云卫星每天提供的云导风资料时空分辨率较高,每间隔 3 小时内都有近几千个观测点资料可用,能够保证同化运行的资料来源,完成了台风个例的批量同化试验分析,并得出下述初步结论。

(4)同风云卫星云导风资料,初始场改变明显,改善高低压系统的配置关系,直接影响台风路径预报效果,同时也间接影响温度场和湿度场,并使得初始场中中尺度信息有所增加,直接影响台风的移动路径,台风降水落区及强度也有所变化。

(5)仅同化云导风资料难以对台风强度起到较大的影响作用,尤其台风近中心海面气压预报明显程度较其他区域稍弱,但大环流背景场的改变能影响台风路径。

GPS 弯曲角资料同化模块与与云导风资料同化模块集成后,同化效果(仅针对台风模拟路径而言,下同)在一定程度上表现出了分别单独同化一种资料所产生效果的叠加效应,且并非简单线性叠加,集成效果会偏向本身单独同化效果好的一方。

参考文献

[1]　Cucurull L,DerberL C,Treadon R,et al. Assimilation of Global Positioning System Radio Occultation Observations into NCEP's Global Data Assimilation System. *Mon. Wea. Rev.* ,2007,**135**(9),3174-3193.

[2]　Kuo Y H,Sokolovskiy S V,Anthes R A,et al. Assimilation of GPS radio occultation data for numerical weather prediction. *Terr. Atmos. Ocean. Sci.* ,2000,**11**(1):463-473.

[3]　Healy S, and Thépaut J-N, Assimilation experiments with CHAMP GPS radio occultation measurements. ,*Quart. J. Roy. Meteor. Soc.* ,2006,**132**(615):605-623.

[4]　Anthes R A,Rocken C,and Kuo Y H,Application of COSMIC to meteorology and climate. *Terr. Atmos. Ocean. Sci.* ,**11**(1):115-156.

[5]　Anthes R A,Bernhardt P A,Chen Y,et al. The COSMIC/FORMOSAT-3 Mission:Early Results,*Bull. Amer. Meteorol. Soc.* ,2008,**89**(3):313-333.

[6]　Kuo Y H,Wee T K,Sokolovskiy S,et al. Inversion and error estimation of GPS radio occultation data. *J. Meteor. Soc. Japan*,2004,**82**(1B):507-531.

[7]　Schmetz J,Holmlund K,Hoffman J,et al. Operational Cloud-Motion Winds from Meteosat Infrared Images. *Journal of Applied Meteorology*,1993,**32**(7):1206-1225.

[8]　Velden C S. Upper tropospheric winds derived from geostationary satellite water vapor observations. *Bulletin of the American Meteorological Society*,1997,**78**(2):173-195.

[9]　Nieman S J,Menzel W P,Hayden C M,et al. Fully Automated Cloud-Drift Winds in NESDIS Operations. *Bulletin of the American Meteorological Society*,1997,**78**(78):1121-1133.

[10]　Velden C S,Olander T L,Wanzong S. The Impact of Multispectral GOES-8 Wind Information on Atlantic Tropical Cyclone Track Forecasts in 1995. Part I:Dataset Methodology,Description,and Case Analysis. *Monthly Weather Review*,1998,**126**(5):1202-1218.

[11]　Goerss J S,Velden C S,Hawkins J D. The Impact of Multispectral GOES-8 Wind Information on Atlantic Tropical Cyclone Track Forecasts in 1995. Part II:NOGAPS Forecasts. *Monthly Weather Review*,1998,**126**(5):1219.

[12]　Soden B J,Velden C S,Tuleya R E. The Impact of Satellite Winds on Experimental GFDL Hurricane Model Forecasts. *Monthly Weather Review*,2001,**129**(4):835-852.

[13]　Bormann N,Saarinen S,Kelly G,et al. The Spatial Structure of Observation Errors in Atmospheric Motion Vectors from Geostationary Satellite Data. *Monthly Weather Review*,2003,**131**(4):706.

[14]　Zou X,Kuo Y H,and Guo Y R. Assimilation of atmospheric radio refractivity using a nonhydrostatic mesoscale model. *Mon. Wea. Rev.* ,1995,**123**:2229-2249.

[15]　Liu H,Zou X. Improvements to a GPS radio occultation ray-tracing model and their impacts on assimilation of bending angle. *Journal of Geophysical Research(Atmospheres)*,2003,**108**(D17):1337-1352.

[16]　Rüeger J M. Refractive index formulae for radio waves. FIGXXII International Congress,19-26 April,2002,Washington DC USA.

[17]　Smith E K,Jr,and Weintraub S. The contants in the equation for atmospheric refractive index at radio frequencies. *Proc. I. R. E.* ,1953,**41**:1035-1037.

[18]　Bevis M J et al. Determination of temperature-heating rate diagrams for pyrolytic removal of injection moulding binders: *J. Materials Science*, 1992, **27** (16): 4381-4388. *Metal Powder Report*, 1994, **49** (5):61.

[19]　Picard A,Davis M,Gläser M,and Fujii K. Revised formula for the density of moist air(CIPM-2007),

Metrologia,2008,**45**:149-155.

[20]　Thayer G D. An improved equation for the radio refractive index of air. *Radio Science*,1974,**9**(10):803-807.

[21]　Healy S B. Refractivity coefficients used in the assimilation of GPS radio occultation measurements. *Journal of Geophysical Research*,2011,**116**(116):575-582.

TBB 与热带气旋强度关系的
统计合成分析研究[①]

岳彩军[1]　　曹　钰[2]　　谈建国[1]　　寿绍文[3]

(1. 上海市气象科学研究所(上海市卫星气象遥感应用中心),上海 200030;

2. 长三角环境气象预报预警中心,上海 200030;

3. 南京信息工程大学大气科学学院,南京 210044)

摘　要: 基于 JTWC(the Joint Typhoon Warning Center)最大风速半径及热带气旋(TC)尺度资料、上海台风研究所台风最佳路径资料以及日本静止气象卫星 M1TR 红外 IR1 TBB 资料,针对 2001—2010 年期间经过台湾再次登陆我国大陆的 13 个历史 TC 个例,采用对流云—层云分类技术以及统计合成分析方法,探析 TC 环流内 TBB、对流核数与 TC 强度之间可能存在的对应关系,结果表明:(1)TC 内核区域内 TBB 平均值基本上随着 TC 强度增加(减弱)而降低(升高),存在一定对应关系,且这种对应关系对于 TC 登陆时间以及登陆位置存在一定程度的敏感性,同时,外雨带内 TBB 平均值与整个 TC 范围内 TBB 平均值接近,二者均明显高于同期内核区域内 TBB 平均值,且前二者与 TC 强度之间的对应关系相对不明显。(2)整个 TC 环流内对流核总数、外雨带内对流核总数及内核区域内对流核密度基本上随着 TC 强度增加(减弱)而增加(减少),存在很好的对应关系,同时,外雨带内对流核总数大于内核区域内对流核总数,且后者与 TC 强度之间的对应关系相对不明显,而内核区域内对流密度大于外雨带内对流核密度,且前者较后者与 TC 强度对应关系更为明显。(3)外雨带内对流核总数、内核区域内对流核密度与 TC 强度之间的对应关系,受 TC 结构影响很小,但对于 TC 登陆位置存在一定程度的敏感性。(4)基于 TBB 与基于对流核的统计合成分析结果两者之间具有很好的互补性,二者结合使用可以更全面地反映出 TC 雨带与 TC 强度之间可能存在的对应关系。

关键词: 热带气旋强度;TBB;对流核数;统计合成

1　引言

众所周知,静止气象卫星高分辨率的云顶亮温资料(Black Body Temperature,缩写为 TBB)可以揭示出云的存在和云所在演变阶段中的一些显著特征,从而可以推论发生在大气中的动力和热力过程,鉴于降水云图的云顶亮温与地面降水之间存在着一定的对应关系,许多学者将 TBB 资料用于台风降水研究。魏建苏[1]利用 GMS-4 红外 IR 云图找出热带气旋(TC)暴雨与 TBB 的关系,从而确定华东热带气旋冷云顶 TBB 的阈值,这对无测站记录的海洋上的热带气旋暴雨区域的确定有十分重要的作用。陈红等[2]通过对台风"范斯高"(0714)的分析得出

① 资助项目:公益性行业(气象)科研专项(GYHY201306012,GYHY201506007);国家自然科学基金项目(40875025,41175050,41275021,41475039,41475041,41575048)

TBB 与降水有很好的对应关系,TBB 值越低降水越强,对流最旺盛的区域往往和陡变的 TBB 梯度区相对应。林巧燕等[3]利用 FY-2 红外分裂窗资料,定量分析了台风降水与 TBB 之间的对应关系,并建立了台风降水定量估计的红外分裂窗 TBB 指标。岳彩军等[4]针对登陆台风 GMS-5 IR1 TBB 特征及逐时观测雨量强度及水平分布特点,采用对流云—层云分类技术(简称 CST 技术),初步建立一种可用于登陆台风的定量降水估计方法,能够分离出对流降水和层云降水,可以反映出登陆台风逐时降水的水平分布不均匀性。由于 TBB 资料自身的特性,它也能够定量展示热带气旋强度特征,因而有许多气象学者用 TBB 资料对热带气旋强度进行客观估计研究,并取得一些成果。1975 年,Dvorak 等[5]运用卫星云图(可见光和红外云图)上的热带气旋云型和云系特征研究了热带气旋强度估计方法,随后将增强显示红外云图投入业务应用。1977 年、1984 年,Dvorak[6,7]又先后两次改进和提高了热带气旋的强度估计方法。江吉喜等[8]对 Dvorak 热带气旋强度估计方法作了简化和改进,以适合预报员业务应用。王瑾等[9]运用 GMS-5 TBB 资料,结合《热带气旋年鉴》资料,采用逐步回归方法,求得热带气旋强度的客观估计算式,该计算式有望代替 Dvorak 热带气旋强度估计方法,成为一种新的业务方法。陈佩燕等[10]分析 GMS-5 TBB 资料指出,西北太平洋的热带气旋 TBB、TBB 的对称和非对称分量与滞后 0~48 h TC 强度具有很好的负相关关系。上述分析表明,TBB 在台风降水与台风强度的应用研究中均取得了有意义的成果。那么,台风降水和台风强度之间是否存在某种关联呢? 1981 年,Adler 等[11]利用卫星观测资料研究了东西太平洋上 21 个热带气旋降水廓线,他们发现台风强度增强不仅伴随着平均降水率增强,同时也和强降水的水平分布有关,并指出最强降水区半径会随台风强度增大而减小。Hack 等[12]认为台风雨带快速发展将导致台风眼墙附近潜热大量流失,从某种意义上说,阻止了台风强度增强。与此不同的是,Ryan 等[13]及 Guinn 等[14]则认为,台风的螺旋雨带将为台风眼墙发展提供充沛的水汽,同时输送位涡,均有助于台风增强。Kelley 等[15]利用雷达观测资料研究台风降水和台风强度的关系发现,在台风眼区出现的强降水有助于台风强度的激增。期间,Chen 等[16]指出,台风降水对台风强度的作用研究还没有足够重视,希望进一步利用中尺度数值预报模式来模拟台风雨带及台风强度变化,以期揭示二者之间存在的可能联系。2007 年,Cartwright 等[17]利用中尺度模式确定降水率初始值,来提高台风降水和台风强度预报。2009 年,Wang[18]基于 TCM4 模式模拟结果,研究了外螺旋雨带如何影响台风结构和强度,指出台风外螺旋雨带中的冷却过程有助于热带气旋强度维持和内核结构紧凑,反之,外螺旋雨带中的加热作用则抑制台风强度的增强和尺度的发展,认为强外螺旋雨带的出现会致使台风强度减弱。可见,目前关于台风降水和台风强度之间关系研究取得了一定进展,但所得结论并不完全一致,甚至出现相反情况。因此,开展进一步研究是一项非常必要的科研工作。本文将针对 2001—2010 年 10 年期间经过台湾再次登陆我国的 13 个历史 TC 个例,基于静止气象卫星 M1TR 红外 IR1 TBB 资料,采用对流云—层云分类技术分离出 TC 螺旋雨带中的对流核,通过统计合成分析,探讨 TC 环流内 TBB、对流核数与 TC 强度之间可能存在的对应关系,以期有助于加深理解和提高对 TC 螺旋雨带与 TC 强度之间关系的认识水平。

2 资料和方法介绍

2.1 历史样本选取

本研究选取了 2001—2010 年 10 年期间，先在台湾登陆再次在我国大陆登陆的历史 TC 个例作为统计合成分析研究对象，除 0407 号热带气旋"蒲公英"、0421 号热带气旋"海马"（因缺少 JTWC 最大风速半径和 TC 尺度资料）以及 0505 号热带气旋"海棠"（因缺少 GMS-5 IR1 TBB 资料）外，共有 13 个历史 TC 个例参与了统计合成分析，具体见表 1。

表 1　2001—2010 年 13 个登陆台湾后再次登陆我国的 TC 信息表

台风编号	中文名称	英文名称	登陆地点	登陆时间（北京时）	登陆风速（m/s）	登陆气压（hPa）
0108	桃芝	Toraji	台湾花莲	7 月 30 日 00—01 时	35	970
			福建连江	7 月 31 日 02 时	30	985
0116	百合	Nari	台湾宜兰	9 月 17 日 01 时	35	970
			广东惠来	9 月 20 日 10—11 时	28	985
0309	莫拉克	Morakot	台湾大武	8 月 3 日 22 时	25	988
			福建厦门	8 月 4 日 23 时	15	998
0513	泰利	Talim	台湾花莲	9 月 1 日 7 时 30 分	45	950
			福建莆田	9 月 1 日 14 时 30 分	35	970
0519	龙王	Longwang	台湾花莲	10 月 2 日 5 时 30 分	50	940
			福建厦门	10 月 2 日 23 时 40 分	30	980
0604	碧丽斯	Bilis	台湾宜兰	7 月 13 日 22 时 20 分	30	975
			福建霞浦	7 月 14 日 12 时 50 分	30	975
0605	格美	Kaemi	台湾台东	7 月 24 日 23 时 45 分	40	960
			福建晋江	7 月 25 日 15 时 50 分	33	975
0709	圣帕	Sepat	台湾花莲	8 月 18 日 5 时 40 分	50	940
			福建惠安	8 月 19 日 2 时	33	985
0716	罗莎	Krosa	台湾宜兰	10 月 6 日 15 点 30 分	50	940
			台湾宜兰	10 月 6 日 22 时 30 分	50	940
			浙闽交界	10 月 7 日 15 时 30 分	33	975
0807	海鸥	Kalmaegi	台湾宜兰	7 月 17 日 21 时 40 分	33	975
			福建霞浦	7 月 18 日 18 时 10 分	25	988
0808	凤凰	Fung-Wong	台湾花莲	7 月 28 日 06 时 50 分	45	955
			福建福清	7 月 28 日 22 时	33	975
0908	莫拉克	Morakot	台湾花莲	8 月 7 日 23 时 45 分	40	960
			福建霞浦	8 月 9 日 17 时 30 分	33	975
1011	凡亚比	Fanapi	台湾花莲	9 月 19 日 08 时 40 分	45	940
			福建漳浦	9 月 20 日 07 时 00 分	35	970

另外,按照登陆台湾时登陆位置分别位于台湾北部、台湾中部及台湾南部的差异,将表 1 中 13 个历史样本归为三类,进一步开展统计合成分析。具体情况为:登陆点位于台湾北部的热带气旋(下文简称 I 类 TC)共计有四个:0116、0604、0716 及 0807,登陆点位于台湾中部的热带气旋(下文简称 II 类 TC)共计有七个:0108、0513、0519、0709、0808、0908 及 1011,登陆点位于台湾南部的热带气旋(下文简称 III 类 TC)共计有两个:0309 和 0605。

2.2　热带气旋最大风速半径、尺度及 TBB 资料

研究所用的热带气旋最大风速半径及尺度来自于 JTWC(时间分辩率为 6 h),热带气旋位置及强度来自于上海台风研究所汇编的 TC 最佳路径资料(时间分辩率为 6 h),所用的 TBB 资料为日本静止气象卫星 M1TR IR1 资料(水平分辩率为 0.05°(约 5.6 km),时间分辩率为 1 h)。

2.3　内核、外雨带的划分标准

一般来讲,热带气旋云系结构分为内核和外雨带。但一直以来对两者划分或界定的标准或方法并不统一,如 Cecil 等(2009)将内核区定义为距离 TC 中心 0～100 km 范围,Yokoyama 等[19]定义内核区域为距离 TC 中心 0～60 km 范围。最近,Wang 等[20]利用平衡动力学(即涡丝化)的方法找出台风内核区所在位置,即认为平衡动力学(即涡丝化)的区域就是内核区,范围约为最大风速半径的 3 倍。本文采用王玉清等[21]标准来确定内核区,同时,内核区域外与热带气旋尺度内的区域被定义为外雨带。

2.4　对流核的确定

2006 年,岳彩军等[4]在 Adler-Negri[21]、Goldenberg 等[22]及 Li 等[23]工作的基础之上,建立可用于登陆台风降水估计的对流云—层云分类技术。本文对流核的确定主要参照岳彩军等[4]的工作,具体情况如下。

2.4.1　对流倾斜参数的计算

首先,假定云顶温度不高于 253 K 为降水云,即要求 TBB≤253 K。其次,对于每张云图上任一格点来讲,其上云顶温度小于或等于周围相邻 4 格点上的云顶温度,那么其对应的云顶温度就记为 T_{min}。最后,仅考虑 T_{min} 周围紧邻的东西向及南北向的 4 个格点,得到所有 T_{min} 点的对流倾斜参数计算公式,具体为:

$$S_{i,j} = \frac{\bar{\Delta}}{4}\left[\frac{T_{i-1,j} + T_{i+1,j} - 2T_{i,j}}{\Delta_{EW}} + \frac{T_{i,j-1} + T_{i,j+1} - 2T_{i,j}}{\Delta_{NS}}\right] \tag{1}$$

其中,$T_{i,j}$ 即为 T_{min},$S_{i,j}$ 即为与 T_{min} 相对应的对流倾斜参数,$\bar{\Delta} \approx 5.8$ km,$\Delta_{NS} = \Delta_{EW} \approx 5.6$ km。

2.4.2　对流倾斜参数临界值的确定

针对登陆台风云顶最低温度特征,对流倾斜参数临界值计算表达式为:

$$Slope = \exp[0.0826(T_{min} - 217)] \tag{2}$$

当 $S \geq Slope$ 时,则 T_{min} 判定为对流核。

显然,给定任一张 TC 静止气象卫星 IR1 TBB 云图,根据上述对流核确定方法,则可判断出与其相对应的对流分布情况。

3　TBB 与热带气旋强度关系之间的统计分析

以往的研究[24]也表明,降水云团的云顶亮温 TBB 与地面降水之间存在着一定的相互关系。随着 TBB 的降低,对应地面降水强度有不断增大的趋势,而且随着 TBB 的降低地面强降水出现的机会也会迅速增加。正是如此,很多气象学者通常把 TBB 的高低用来衡量云体是否处于发展阶段的指标,把某一等级的 TBB 作为云体是否可能出现强降水的判别标准,即所谓产生强降水的 TBB 指标。

根据 2006 年 6 月起最新实施的《热带气旋等级》国家标准(GB/T 19201—2006),将热带气旋分为热带低压(TD)、热带风暴(TS)、强热带风暴(STS)、台风(TY)、强台风(STY)和超强台风(SuperTY)六个等级。下面在开展统计合成分析研究时,首先,依据六个强度标准对 2.1 节中 13 个历史 TC 个例进行统计合成,在此基础上进一步按照 2.1 节中 I 类 TC、II 类 TC 和 III 类 TC 的划分作进一步合成分析。其次,将 TC 登陆台湾的时间作为合成标准对 2.1 节中 13 个历史 TC 个例进行统计合成,在此基础上进一步按照 2.1 节中 I 类 TC、II 类 TC 和 III 类 TC 的划分作进一步合成分析。同时,为了便于分析,将整个 TC 范围内 TBB 平均值称为 TCT,外雨带范围内 TBB 平均值称为 ICT,内核区域内 TBB 平均值称为 OCT。

3.1　按热带气旋强度的统计合成分析

图 1 为按照该强度标准进行统计合成所得到的 TCT、ICT、OCT 及 TCI 曲线。图 1a 为基于 13 个 TC 样本统计合成结果。分析图 1a 可知,在 TC 由 TD 强度发展增强到 TY 强度过程

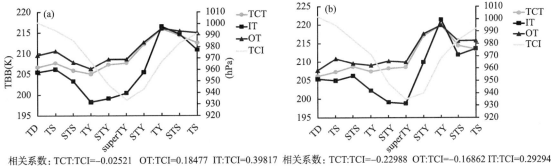

相关系数: TCT:TCI=-0.02521　OT:TCI=0.18477　IT:TCI=0.39817　相关系数: TCT:TCI=-0.22988　OT:TCI=-0.16862　IT:TCI=0.29294

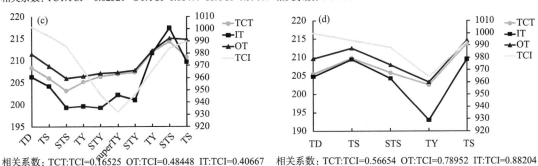

相关系数: TCT:TCI=0.16525　OT:TCI=0.48448　IT:TCI=0.40667　相关系数: TCT:TCI=0.56654　OT:TCI=0.78952　IT:TCI=0.88204

图 1　按照 TC 强度标准统计合成得到的 TBB 平均值和 TC 强度的对应关系
(a)所有个例统计合成;(b)在台湾北部登陆个例合成;(c)在台湾中部登陆个例合成;(d)在台湾南部登陆台风个例合成

中,ICT 逐渐降低,且在 TY 阶段降到最低,而之后直至到衰减阶段的 TY 强度时,ICT 都在升高,之后又逐渐降低。总体而言,ICT 与 TCI 存在一定对应关系,即 TC 强度增加(减弱),内核区域内 TBB 降低(升高),但 ICT 的最低值并非出现在 TC 最强阶段。同时,在 TC 发展、强盛及衰亡的整个生命史中,TCT 与 OCT 数值接近,均明显高于同期 ICT,且与 TCI 对应关系相对较弱。

图 1b,图 1c 及图 1d 分别为基于 I 类 TC、II 类 TC 和 III 类 TC 的统计合成结果。图 1b 中、图 1c 及图 1d 中 ICT 与 TCT 的对应关系与在图 1a 中相似,主要差异在于:图 1b 及图 1d 中 ICT 最低值与 TCI 最强阶段对应,在图 1c 中 ICT 从发展阶段 TY 强度到衰弱阶段 STY 强度期间,基本维持于最低值,且变化幅度很小。这可能说明 TC 内核区域内的 TBB 和 TC 强度之间的对应关系在一定程度上受 TC 登陆位置影响。

上述分析表明,ICT 与 TCI 存在一定对应关系,且这种对应关系对地形作用存在一定程度上的敏感性。而 TCT 及 OCT 均与 TCI 对应关系相对较弱。

3.2　按热带气旋登陆时间的统计合成分析

图 2 是按照 TC 登陆台湾时间标准统计合成所得的 TCT、ICT、OCT 及 TCI 曲线。图 2a 为基于 13 个 TC 样本统计合成结果。分析图 2a 可知,在 TC 登陆台湾前 6 h 之前 ICT 与 TCI 对应关系不明显,但之后 TCI 开始持续减弱,同期的 ICT 逐步升高,二者存在一定的对应关系。进一步分析发现,在整个 TC 生命史中,OCT 与同期 TCT 接近,二者均高于同期的 ICT,同时也发现,TCT 及 OCT 随 TC 登陆时间变化幅度不大,且均与 TCI 对应关系相对较弱。

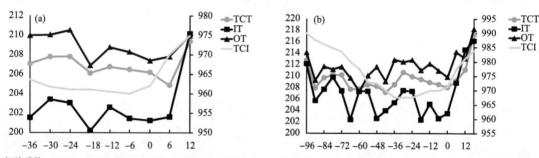

相关系数:TCT:TCI=0.30350　OT:TCI=0.16820　IT:TCI=0.73723　　相关系数:TCT:TCI=0.40371　OT:TCI=0.17565　IT:TCI=0.55867

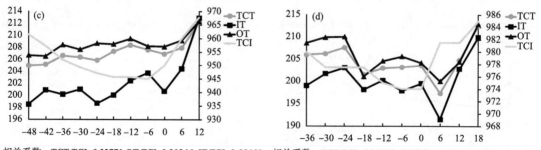

相关系数:TCT:TCI=0.33771　OT:TCI=0.30346　IT:TCI=0.55459　　相关系数:TCT:TCI=0.36619　OT:TCI=0.28643　IT:TCI=0.35638

图 2　除按照 TC 登陆台湾时间标准统计合成外,其他同图 1

图 2b,图 2c 及图 2d 分别为基于 I 类 TC、II 类 TC 和 III 类 TC 的统计合成结果。图 2b 中,仅在台风登陆前 6 h 之前,ICT 与 TCI 存在明显对应关系,这与图 2a 中相似。图 2c 中,仅

在台风登陆后 ICT 与 TCI 存在明显对应关系。图 2d 中,仅在台风登陆后 6 h 之后,ICT、OCT 及 TCT 均与 TCI 存在明显相对应关系。上述分析表明,ICT 与 TCT 对应关系在一定程度上对地形作用存在一定的敏感性。

总体而言,ICT 与 TCI 的同位相关系主要出现在 TC 临近登陆前、后,且这种对应关系在一定程度上对地形作用存在一定的敏感性。同时,TCT 及 OCT 与 TCI 对应关系相对较弱。

同样,进一步对比分析图 1 和图 2 知,按照 TC 强度统计标准开展统计合成分析,较按照 TC 登陆时间标准开展统计合成分析,更清楚地揭示出 TC 内核区域内 TBB 平均值与 TC 强度之间的对应关系。

4 对流核数与热带气旋强度关系的统计合成分析

为了更充分地了解 TC 雨带与 TC 强度之间的关系,本节将采用与第 3 节中相同的处理方案,基于对流核数开展统计合成分析,另外,为了便于比较分析,将整个 TC 环流内的对流核总数简称为 TCN,内核区中的对流核总数称为 ICN,外雨带中的对流核总数简称为 OCN,同时,热带气旋强度简称 TCI。

4.1 按热带气旋强度的统计合成分析

图 3 为按照 TC 强度标准进行统计合成所得到的 TCN、ICN、OCN 及 TCI 曲线。图 3a 为基于 13 个 TC 样本统计合成结果。分析图 3a 可知,在 TC 发展、强盛及衰亡的整个生命史中,

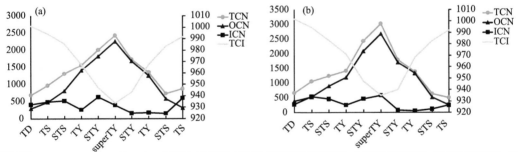

相关系数: TCN:TCI=−0.93721 OCN:TCI=−0.97812 ICN:TCI=0.21705   相关系数: TCN:TCI=−0.89820 OCN:TCI=−0.94958 ICN:TCI=−0.07811

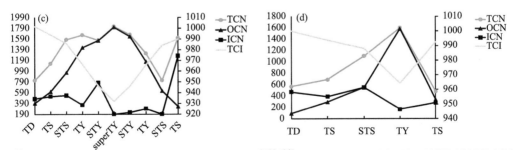

相关系数: TCN:TCI=−0.69233 OCN:TCI=−0.95008 ICN:TCI=0.34775   相关系数: TCN:TCI=−092666 OCN:TCI=−0.99879 ICN:TCI=0.68685

图 3 按照 TC 强度标准统计合成得到的对流核数和 TC 强度的关系

(a)所有个例统计合成;(b)在台湾北部登陆个例合成;(c)在台湾中部登陆个例合成;(d)在台湾南部登陆个例合成

TCN 与 TCI 存在非常明显的对应关系，即 TC 强度增强时，对应的同期 TC 环流内的对流核总数增加，TC 达到最强时，对应的同期 TC 环流内的对流核总数也达到最多，TC 强度减弱时，对应的同期 TC 环流内的对流核总数在减少。进一步分析发现，OCN 与 TCN 演变趋势非常一致，即 OCN 与 TCI 也呈现明显对应关系。而 ICN 与 TCI 对应关系相对不明显。同时也发现，在 TC 发展期间的 TD、TS 阶段及衰亡期间的 TS 阶段，OCN 略小于 ICN，而在其他阶段，OCN 均明显大于 ICN，与 TCN 接近。上述分析表明，TCN、OCN 均与 TCI 有非常明显的对应关系，而 ICN 对 TC 强度变化并不敏感，且 OCN 在 TCN 所占比例明显高于 ICN 在 TCN 中所占比例。

图 3b、图 3c 及图 3d 分别基于 Ⅰ 类 TC、Ⅱ 类 TC 和 Ⅲ 类 TC 的统计合成结果。具体分析可知，图 3b、图 3c、图 3d 的结果均与图 3a 相似，这也表明按照 TC 强度的划分标准来统计分析对流核数和 TC 强度关系，其结果对 TC 登陆台湾的位置并不十分敏感。

为了更好地研究 TC 结构是否会对对流核数和 TC 强度之间关系造成影响，下面针对所有 13 个 TC 个例分了四个象限（东北、西北、西南、东南）和四个部分（上半部分、下半部分、左半部分及右半部分）进行统计合成分析。图 4、图 5 分别为按照 TC 强度标准进行统计合成所得到的四个象限和四个部分的 TCN、ICN、OCN 及 TCI 曲线。将图 4 及图 5 分别与图 3a 对比分析可以看出，各个象限或者各个部分的对流核数随 TC 强度演变趋势与图 3a 中极为相似。这表明对流核数与 TC 强度关系受 TC 结构影响很小。另外，也分别针对 Ⅰ 类 TC、Ⅱ 类 TC 和 Ⅲ 类 TC 分四个象限和四个部分进行了统计合成分析（图略），所得结论与上述类似。

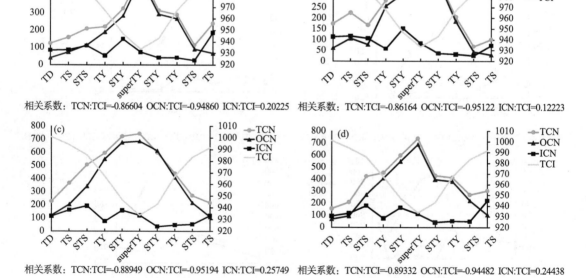

图 4　按照 TC 强度标准统计合成得到不同象限对流核数和 TC 强度的关系

(a)—(d)分别为东北、西北、西南及东南象限统计合成

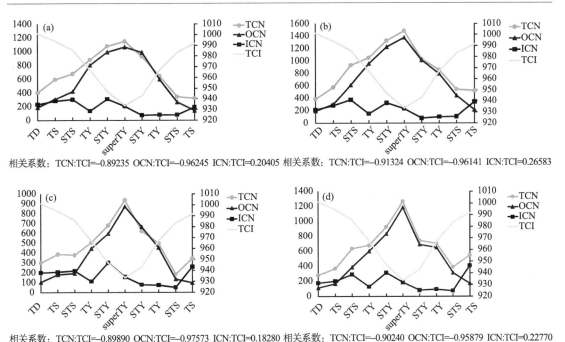

图5 按照TC强度标准统计合成得到的不同部分内对流核数和TC强度的关系

(a)—(d)分别为上半部、下半部、左半部及右半部统计合成

为了考虑TC尺度因子作用,下面把统计所得对流核数除以其对应的水平面积,得出对流核密度。为了分析方便,将整个TC环流内对流核密度、外雨带内对流核密度及内核区域中对流核密度分别简称为TCN-MD、OCN-MD及ICN-MD。图6为按照TC强度标准进行统计合

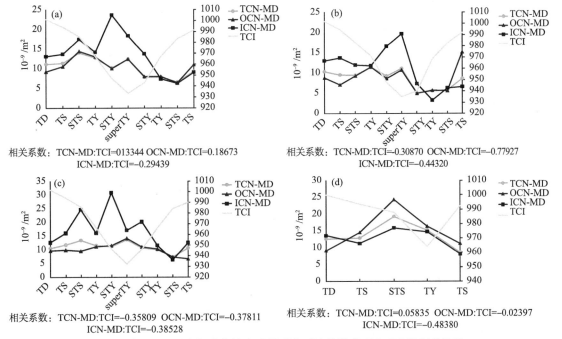

图6 按照TC强度标准统计合成得到的对流核数密度和TC强度的关系

(a)所有个例统计合成;(b)在台湾北部登陆个例合成;(c)在台湾中部登陆个例合成;(d)在台湾南部登陆个例合成

成所得到的 TCN-MD、OCN-MD、ICN-MD 及 TCI 曲线。分析图 6a 可知,在 TC 整个生命史中,TCN-MD 与 OCN-MD 随 TC 强度演变趋势基本一致,均与 TC 强度演变有一定对应关系,随着 TC 强度增强(减弱)TCN-MD 与 OCN-MD 值增加(减小)。进一步分析发现,ICN-MD 基本上大于同期 TCN-MD 与 OCN-MD,且其随 TC 强度演变的变化幅度大于后二者的变化幅度,且相对来讲,ICN-MD 较 TCN-MD、OCN-MD 与 TC 强度对应关系更为明显。

图 6b,图 6c 及图 6d 分别基于Ⅰ类 TC、Ⅱ类 TC 和Ⅲ类 TC 的统计合成结果。具体分析可知,除图 6d 外,图 6b,图 6c 均与图 6a 相似,这也表明对流核密度与 TC 强度的关系对 TC 登陆台湾位置有一定敏感性,但并不十分明显。

4.2 按热带气旋登陆时间的统计合成分析

本节是将 TC 登陆台湾时间作为合成标准对 3.1 节中 13 个历史 TC 个例进行统计合成的,即将 TC 登陆时的时间作为零时刻,以此为基准点向登陆前、后扩展,登陆前(后)的时间之前用负(正)号表示,如 -6 h(6 h)、-12 h(12 h)分别表示登陆前(后)6 h,12 h,以此类推。图 7 是按照此标准统计合成所得的 TCN、ICN、OCN 及 TCI 曲线。图 7a 为基于 13 个 TC 样本统计合成结果。分析图 7a 可知,在 TC 登陆台湾前 6 h 之前 TCI 维持、少变,但之后 TCI 开始持续减弱,同期的 TCN 与其存在一定的反位相对应关系,在 TC 登陆台湾前 6 h 之前 TCN 变化不大,但之后 TCN 开始持续减少。进一步分析发现,OCN 明显大于同期的 ICN,且 OCN 与 TCN 随 TC 登陆时间的变化趋势基本一致,即 OCN 与 TCI 存在一定对应关系,而 ICN 随 TC 登陆时间变化不明显,与 TCI 对应关系相对较弱。

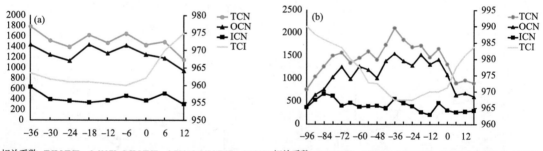

相关系数: TCN:TCI=-0.60378 OCN:TCI=-0.72012 ICN:TCI=-0.05973   相关系数: TCN:TCI=-0.75218 OCN:TCI=-0.81578 ICN:TCI=0.27822

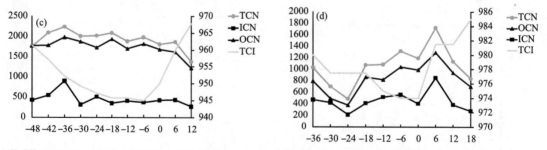

相关系数: TCN:TCI=-0.65337 OCN:TCI=-0.67313 ICN:TCI=-0.09012   相关系数: TCN:TCI=-0.017 OCN:TCI=-0.00544 ICN:TCI=-0.04957

图 7   除按照 TC 登陆台湾时间标准统计合成外,其他同图 3

图 7b,图 7c 及图 7d 分别为基于Ⅰ类 TC、Ⅱ类 TC 和Ⅲ类 TC 的统计合成结果。图 7b 中 TCI 在 TC 登陆前 36 h 之前持续增加,但之后持续减弱,且在登陆后减弱幅度加大。OCN 与

TCN 随 TC 登陆时间的变化趋势基本一致,均与 TCI 存在明显对应关系。分析图 7c 可以得到与图 7a 相似的发现。图 7d 中 TCI 在 TC 登陆之前持续增加,但之后持续减弱。OCN 明显大于同期 ICN,且 OCN 与 TCN 随 TC 登陆时间的变化趋势基本一致,在登陆后 6 h 达到最大,较最大 TCI 滞后 6 h,但之后迅速减小,总体而言,OCN 与 TCN 均与 TCI 存在一定对应关系。图 7b、图 7c 及图 7d 中,OCN 明显大于同期 ICN,且 ICN 随 TC 登陆时间变化不明显,与 TCI 对应关系相对较弱。

上述分析表明,OCN 与 TCN 均与 TCI 存在一定对应关系,且这种对应关系对于 TC 登陆位置有一定的敏感性,尤其是对于登陆台湾北部的 TC 来讲,这种对应关系尤为明显。同时,也发现 OCN 明显大于同期 ICN,且 ICN 与 TCI 对应关系相对较弱。

我们还分别分析了按照时间标准统计合成所得的四个象限和四个部分的 TCN、ICN、OCN 及 TCI 曲线的情况(图略)。各曲线之间对应关系均与图 7a 中类似,这也表明对流核数与 TC 强度之间的对应关系对 TC 结构并不敏感。

图 8 为按照时间标准进行统计合成所得到的 TCN-MD、ICN-MD、OCN-MD 及 TCI 曲线。分析图 8a 可知,TCN-MD、OCN-MD 及 ICN-MD 三者之间数值基本相近,且随 TC 登陆时间演变基本一致,在 TC 登陆前,三者小幅振荡,在 TC 登陆后,三者均呈下降趋势。

图 8b、图 8c 及图 8d 分别为基于 Ⅰ 类 TC、Ⅱ 类 TC 和 Ⅲ 类 TC 的统计合成结果。图 8b、图 8c 及图 8d 中 TCN-MD 与 OCN-MD 基本接近,而 ICN-MD 在图 8b,图 8c 及图 8d 中变化明显,且在图 8b、图 8c 中 ICN-MD 明显大于同期 TCN-MD 与 OCN-MD,而在图 8d 中则相反。除图 8c 外,图 8b、图 8d 中,TCN-MD、OCN-MD 及 ICN-MD 随 TC 登陆时间演变情况均与图 7a 中相似,这也表明对流核密度与 TC 强度之间关系对 TC 登陆台湾的位置并不十分敏感。

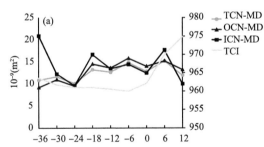

相关系数:TCN-MD:TCI=0.10809 OCN-MD:TCI=0.12635
ICN-MD:TCI=-0.08625

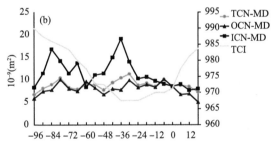

相关系数:TCN-MD:TCI=-0.53772 OCN-MD:TCI=-0.45019
ICN-MD:TCI=-0.14019

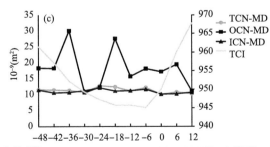

相关系数:TCN-MD:TCI=-0.49772 OCN-MD:TCI=-0.42557
ICN-MD:TCI=-0.19150

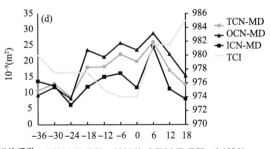

相关系数:TCN-MD:TCI=-023162 OCN-MD:TCI=-0.18861
ICN-MD:TCI=-0.04957

图 8 除按照 TC 登陆台湾时间标准统计合成外,其他同图 6

进一步对比分析图 3 和图 7 可知,按照 TC 强度统计标准开展统计合成分析,较按照热带气旋登陆时间标准开展统计合成分析,更清楚地揭示出整个 TC 环流内及外雨带内对流核总数与 TC 强度之间的对应关系。

综合对比分析图 1 与图 3 以及图 2 与图 7 可知,分别基于 TBB、对流核的统计合成分析结果,二者具有很好的互补性,可以更全面地反映出 TC 雨带与 TC 强度之间可能存在的对应关系。

5　结语

针对 2001—2010 年 10 年期间经过台湾再次登陆我国大陆的 13 个历史 TC 个例,基于 JTWC 最大风速半径及 TC 尺度资料、上海台风研究所 TC 最佳路径资料以及日本静止气象卫星 M1TR IR1 TBB 资料,采用对流云—层状云分类技术以及统计合成分析方法,探析了 TC 环流内 TBB、对流核数与 TC 强度之间可能存在的对应关系,结果表明:

(1)直接针对 TBB 资料进行统计合成分析发现,以 TC 强度作为统计合成分析标准表明,TC 内核区域内 TBB 平均值与 TC 强度之间存在明显对应关系,而整个 TC 环流内 TBB 平均值及外雨带内 TBB 平均值与 TC 强度之间对应关系相对不明显。以 TC 登陆台湾时间作为统计合成分析标准进行分析,也有相似发现。另外,进一步按照 TC 登陆台湾北部、中部及南部三种情况开展分类统计合成分析所得结果类似,但也存在一定差异。

(2)以 TC 强度作为合成分析标准表明,TC 环流内的对流核总数、外雨带内对流核总数、内核区域内对流核密度均与同期 TC 强度存在显著对应关系,即 TC 强度增强(减弱)同期 TC 环流内及外雨带内对流核总数增加(减少)、内核区域内对流核密度增加(减少),而 TC 环流内、外雨带内对流核密度及内核区域内对流核总数均与 TC 强度之间对应关系相对不明显。

(3)以 TC 登陆台湾时间作为合成分析标准表明,在 TC 登陆台湾之前,TC 环流内的对流核总数并不随 TC 强度演变而变化,二者之间对应关系相对不明显,在 TC 登陆台湾之后,TC 环流内的对流核总数与 TC 强度存在相对明显对应关系,即 TC 强度减弱,同期整个 TC 环流内的对流核总数减少。外雨带内对流核总数与 TC 强度之间也存在上述类似对应关系,而内核区域内对流核总数与 TC 强度之间对应关系则相对较弱。对流核密度与 TC 强度之间的关系相似于对流核总数与 TC 强度之间的关系。

(4)无论是以 TC 强度还是以 TC 登陆台湾时间作为合成分析标准,外雨带内的对流核总数大于内核区域内的对流核总数。进一步按照台风登陆台湾北部、中部及南部三种情况开展分类统计合成分析表明,各类统计合成结果总体类似,但也存在一定差异,同时,各类统计合成结果受 TC 结构影响很小。

(5)无论是针对 TBB 还是针对对流核,按照 TC 强度统计标准开展统计合成分析,较按照 TC 登陆时间标准开展统计合成分析,更清楚地揭示出代表 TC 雨带的对流核、TBB 与 TC 强度之间的对应关系,并且按照 TC 登陆时间标准开展统计合成分析结果对 TC 登陆位置相对更为敏感些,这意味着 TC 雨带与 TC 强度之间的对应关系在一定程度上受到地形影响。

(6)基于对流核的统计合成分析与基于 TBB 的统计合成分析二者具有很好的互补性,可以更全面地反映出 TC 雨带与 TC 强度之间可能存在的对应关系。

另外,本文所揭示出来的外雨带中对流核总数、内核中对流核密度、内核区域内 TBB 平均值与 TC 强度关系,可作为 TC 定强工作的参考依据之一,将有助于促进 TC 定强精度的提高。

不可否认的是,参与统计合成的 TC 样本数数量有限,并且参与登陆台湾北部、中部及南部进行分类统计合成分析的 TC 样本数不同,以及各类之间 TC 强度存在的差异,均可能会影响统计合成结果。这些均将在今后工作中作进一步深入具体研究。

致谢:上海台风研究所雷小途、喻自风、汤杰及陈国民提出了许多宝贵意见和建议,浙江省气象台吴联要给予了热情帮助和大力支持,在此一并表示由衷的感谢。

参考文献

[1] 魏建苏.云顶亮温值与华东热带气旋暴雨.气象科学.1996,**16**(1):93-97.

[2] 陈红,赵员春.FY-2C 卫星资料在热带风暴"范斯高"预报分析中的应用.气象研究与应用.2008,**29**(2):38-41.

[3] 林巧燕,洪毅,李玉柱.FY-2 红外分裂窗 TBB 资料在台风降水定量估计中的应用.安徽农业气象.2009,**37**(15):7120-7122.

[4] 岳彩军,陈佩燕,雷小途,等.一种可用于登陆台风定量降水估计(QPE)方法的初步建立.气象科学.2006,**26**(1):18-23.

[5] Dvorak V F. A technique for the analysis and forecasting of tropical cyclone intensities from satellite pictures. NOAA Tech. Memo. NESS 45,Washington,DC,1973,19 pp.

[6] Dvorak V F. Tropical cyclone intensity analysis and forecasting from satellite imagery. *Mon. Wea. Rev.*,1975,**103**:420-430.

[7] Dvorak V F. Tropical cyclone intensity analysis using satellite data. NOAA Tech. Rep. Nesdis 11,U. S. Department of Commerce,Washington,DC,1984,47 pp.

[8] 江吉喜,范海珠.TBB 图集及其应用.北京:气象出版社,2000,130-131.

[9] 王瑾,江吉喜.热带气旋强度的卫星探测客观估计方法研究.应用气象学报.2006,**16**(3):283-291.

[10] 陈佩燕,端义宏,余晖,等.红外云顶亮温在西北太平洋热带气旋强度预报中的应用.气象学报.2006,**64**(4):474-484.

[11] Adler R F,Fenn D D,Moore D A. Picture of the month spiral feature observed at top of rotating thunderstorm. *Mon. Wea. Rev.*,1981,**109**:1124-1128.

[12] Hack J J,Schubert W H. Nonlinear response of atmospheric vortices to heating by organized cumulus convection. *J. Atmos. Sci.*,1986,**43**:1559-1573.

[13] Ryan B F,Barnes G M,Zipser E J. A wide rainband in a developing tropical cyclone. *Mon. Wea. Rev.*,1992,**120**:431-447.

[14] Guinn T A,Schubert W H. Hurricane spiral bands. *J. Atmos. Sci.*,1993,**50**(20):3380-3403.

[15] Kelley O A,Stout J,Halverson J B. Hurricane intensification detected by continuously monitoring tail precipitation in the eyewall. *Geophys. Res. Lett*,2005,**32**,L20819,doi:10. 1029/2005GL023583.

[16] Chen S,Tenerelli J. A numerical study of the impact of vertical shear on the distribution of rainfall in hurricane bonnie. *Mon. Wea. Rev.*,2003,**131**:1590-1597.

[17] Cartwright T J,Krishnamurti T N. Warm season mesoscale superensemble precipitation forecasts in the Southeastern United States. *Wea. Forecasting*,2007,**22**:873-885.

[18] Wang Y. How do outer spiral rainbands affect tropical cyclone structure and intensity?. *J. Atmos. Sci.*,2009,**66**:1250-1252.

[19] Yokoyama C,Takayabu Y N. A statistical study on rain characteristics of tropical cyclones using

TRMM satellite data. *Mon. Wea. Rev.* ,2008,**136**:3848-3862.

[20] Wang Y. Structure and formation of an annular hurricane simulated in a fully compressible,nonhydro-static modal-TCM4. *J. Atmos. Sci.* ,2008,**65**:1505-1527.

[21] Adler R F,Negri A J. A satellite infrared technique to estimate tropical convective and stratiform rain-fall. *Appl. Meteor*,1988,**27** :31-51.

[22] Goldenberg S B,Houze R A,Churchill D D. Convective and stratiform components of a winter monsoon cloud cluster determined from geosynchronous infrared satellite data. *J. Meteor. Soc Japan*,1990,**68**(1):37-62.

[23] Li Jun,Wang Luyi,Zhou Fengxian. Convective and stratiform cloud rainfall estimation from geostation-ary satellite data. *Adv. Atmos. Sci.* ,1993,**10**(4):475-480.

[24] 滕卫平,杜惠良,胡波,等.浙江省降水云系红外云图特征及降水量的关系.气象科技,2006,**34**(5): 527-531.

青藏高原东北侧极端暴雨的环流
及前兆云型特征分析①

侯建忠　井　宇　陈小婷　屈丽玮

(陕西省气象台,西安 710015)

摘　要:运用环流形势、卫星云图和冷平流作用等对发生在青藏高原东北侧极端暴雨进行分析。结果表明:在极端暴雨前,地面图上四川东部及陕南南部多为稳定少动的热低压区,对流中低层,榆中、武都和平凉一带有低涡配合,700 hPa 低涡东侧偏南或偏东南急流与极端暴雨同步发展、加强,而 850 hPa 偏东气流却在极端暴雨加强时有所减弱。前兆云型除有冷锋云系和青藏高原的涡旋云系特征外,从总体上有"厂"字型或"倒三角"型的结构特征。极端暴雨云团多从"厂"字空白区前部暖区发展形成,影响冷平流多经西北和北侧侵入低涡后部,增强了对流层中低层的低涡斜压性并触发对流。云顶亮温显示,最大小时降雨量与 TBB 的最低时段匹配对应较好。上述特征对青藏高原东北侧极端暴雨的预报、预警及防灾减灾服务有重要的借鉴意义。

关键词:青藏高原;极端暴雨;地面热低压;气旋性环流

1　引言

卫星云图是大气运动状况的直观表征,能直接监测暴雨产生的中尺度云团的生成源地、发生发展过程、移动路径、移速,还能用来分析和预报强降水云系的发生发展、影响范围和强度。依据云图上云或云区的形状、范围、边界、色调、暗影和纹理等基本特征来识别和分析不同的云型、云团特征(如锋面云系、涡旋云系、逗点云系和斜压叶状云系及 MCC 等)是预报业务流程中的重要内容。一般而言中尺度对流系统是形成暴雨的主要系统之一,是暴雨和极端暴雨的直接制造者,它的生成发展与云系(型)密切相关。国内外学者在这方面进行了广泛的分析和深入研究,取得了大量成果[1~8],这些研究成果为利用云图分析和预报暴雨提供了依据和参考。分析发现这类极端暴雨前期,其环流背景和云系(型)特征有一定的前兆信号,对青藏高东北侧的极端暴雨预报具有较强的指导意义。

①　本文受公益科研专项"西北地区复杂地形下雷暴及短时强降水预报预警关键技术研究"(GYHY201306006)、国家自然基金"黄河中游地区突发性大暴雨暴雨结构特征研究(41475050)"、陕西省气象局 2013 年重点科研项目(2013Z-1)共同资助

2 极端暴雨标准和过程

选取 2000—2015 年 16 年间,陕西、宁夏境内所有测站和甘肃兰州以东的所有测站进行统计。当该区域内 25 站出现日降水(08—08 时)≥50 mm 且 5 站日降水≥100 mm,其中有 5 站突破建站以来日降水新记录时,定义为青藏高原东北侧一个极端暴雨过程。统计结果显示,夜间形成极端暴雨[9]特征非常明显(见表 1)。

从表 1 可以看出,符合标准的过程共有四次,依次简称为"6.8"暴雨、"7.2"暴雨、"8.8"暴雨、"7.23-24"暴雨,其中"6.8"暴雨仅陕西汉中造成 400 多人死亡和失踪,直接经济损失超过 20 亿元。4 次极端暴雨过程中,有 3 次在台湾岛和海南岛附近有台风活动,可见远距离台风对该区域的极端暴雨影响明显。另外一次极端暴雨前在兰州附近有典型的 MCC 云团形成(图 3k)。

表 1　青藏高原东北侧极端暴雨概况

极端暴雨日期 (年-月-日)	暴雨出现地域	暴雨出现时段	暴雨、大暴雨 站数及最大 降雨量(mm)	云系或云形特征 (均有倒三角型)	影响系统和影响	台风 编号
2002-06-08	陕南中南部	20:00—10:00	38,5,210	冷锋、涡旋　经向型	榆中、平凉低涡	0204
2005-07-02	甘肃东部、陕西 中北部	20:00—06:00	28,7,134	冷锋、涡旋　纬向型 MCC	榆中、平凉低涡	
2007-08-08	关中中南部	20:00—06:00	29,10,215	冷锋、涡旋　纬向型 顶端发散　MCC	榆中、平凉切变	0708
2010-07-23-24	甘肃东部、陕西 中东部	02:00—20:00	34,13,200	冷锋、涡旋　经向型 顶端发散	榆中、平凉低涡	1003

3 青藏高原东北侧地区极端暴雨的环境场分析

3.1 地面环境场特征分析

分析 4 次极端暴雨发生前一时次地面环境场,有 3 次过程在四川中东部、甘肃陇南和陕南一带为一闭合低压中心或低压区;1 次在青藏高原存在稳定少动的大低压。随着极端暴雨的临近、发生、加强,上述低压中心相对稳定并略有加深,在低压北侧的冷高压加强十分明显且南压较为迅速,高低压之间形成气压梯度密集带(图 1b,d),极端暴雨出现在气压梯度密集区域附近。将气压梯度密集带的走向与极端暴雨影响云系形态比较发现,当气压梯度密集带纬向(经向)特征明显时,极端暴雨影响云系发展趋势最终也是以纬向(经向)特征较明显(图 b,d,f),相应强降水走向有明显的东西向特征。以上分析表明地面冷空气对青藏高原东北侧极端暴雨的生成和加强起着重要作用。

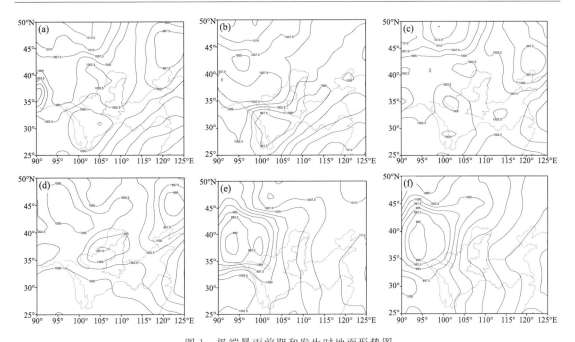

图 1　极端暴雨前期和发生时地面形势图

(a)2005 年 7 月 1 日 08 时;(b)2005 年 7 月 2 日 08 时;(c)2007 年 8 月 8 日 08 时;
(d)2007 年 8 月 8 日 20 时;(e)2010 年 7 月 22 日 20 时;(f)2010 年 7 日 23 日 20 时

3.2　700 hPa 和 850 hPa 环流特征分析

分析极端暴雨出现前一时次 700 hPa 环流(图 2a,b,c)显示:3 次过程在榆中、合作、武都和平凉一带都有明显的低压环流存在,1 次过程切变特征明显。在影响低涡的东侧,从低纬经贵州(或广西)、重庆西部、四川东部有明显的偏南或西南急流配合,风速为 10～16 m/s,急流一直北伸至极端暴雨区,且有一定的风速和风向辐合,这支急流与极端暴雨发生、加强同步。2005 年 7 月 1 日 08 时,低压环流东侧为一致的偏南气流,风速 10～12 m/s,20 时汉中、安康的偏东南风明显加强,分别较前一时次增加到 12 m/s 和 16 m/s 左右。2010 年 7 月 22 日 20 时,安康、汉中分别为 8 m/s、10 m/s 的偏东风,23 日 08 时加强为 12 m/s、14 m/s 的西南风。位于登陆台风东侧的广西一带偏南气流也明显增强,如河池由 16 m/s 偏东风猛增到 20 m/s 东南风。可见在极端暴雨出现时影响低涡东侧偏南或偏东南急流还在增强,这支偏南急流增强使中尺度对流云团维持和发展。该现象与方宗义等[5]研究指出的,中尺度对流系统通常发生在高温高湿的西南风低空急流的最北端和对流层中层短波槽的前方结论相一致。

从 850 hPa 环流形势可以看出(图 2d,e,f),极端暴雨发生前,除从我国东南沿海向暴雨区存在偏南气流或偏东南配合外,在汉江河谷地带或关中南部区域几乎均为偏东风,风速一般在 2～8 m/s 不等,它为青藏高原东北侧极端暴雨的生成、发展提供了低层辐合、抬升条件。在暴雨发生和加强时刻,该偏东风出现减弱现象,其影响低涡后部偏北风加强,风向多由偏北调整成西北风。"7.2"暴雨过程中,西安风速由 7 月 1 日 08 时 8 m/s 减小成 6 m/s,2 日 08 时进一步减小为 2 m/s 西南风;平凉该时段的风场演变分别是 2 m/s 北风、2 m/s 西北风和 10 m/s 西西北风。"7.23-24"暴雨过程中,随着暴雨出现时间临近,原来维持在关中一带的偏东风也有减小,平凉由 22 日 20 时 4 m/s 的偏东风变为 2 m/s 的西北风,23 日 20 时变为 2 m/s 西北风,表明在东风减弱同时冷空气南压明显和迅速。

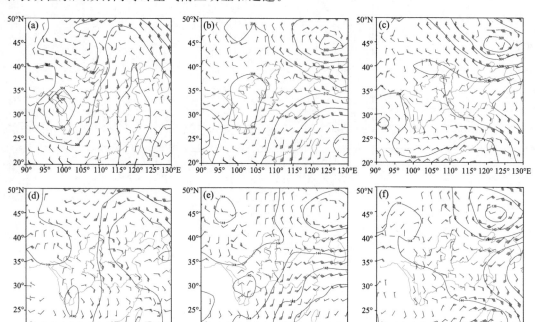

图 2　极端暴雨发生时 700 hPa(a,b,c)和 850 hPa(d,e,f)高空形势图

(a)2002 年 6 月 8 日 20 时;(b)2005 年 7 月 1 日 20 时;(c)2007 年 8 月 8 日 20 时;

(d)2002 年 6 月 8 日 20 时;(e)2005 年 7 月 1 日 20 时;(f)2007 年 8 月 8 日 20 时

　　以上特征显示在极端暴雨过程中 700 hPa 水汽和能量输送一直在加强、维持,850 hPa 低涡后的冷空气南压对暴雨发生起到触发和加强作用,对流层中低层持续、略有加强的偏南气流不断给暴雨的加强和发展提供得以维持的水汽和能量。

4　极端暴雨云型前兆及云顶亮温特征

4.1　云型前兆特征

　　云图演变显示,4 次过程云系除具有冷锋云系、青藏高原的涡旋云系[4],或者斜压叶状形状特征外,其前期云系的形状更有一些具体的形象特征,即云系总体上有一个"厂"字型或"倒三角"型的结构特征(图 3a,e,i,o)。在"厂"字型或"倒三角"的顶部有明显的反气旋弯曲存在。"倒三角"区域的云结构较其他区域紧密。有时在一个大"厂"字型或"倒三角"隐约的嵌套 1～2 个小的"厂"字型或"倒三角"(图 3e,i),这些嵌套和分离出的"倒三角"云结构更加紧密(黄褐色、红色部分)。随着极端暴雨影响云系东移、南压,原来位于"厂"字型或"倒三角"云系的顶部会明显向东南方向一侧出现发散状态,在其发散区域中有类似于台风外围以反气旋旋转、南北向特征相对显著的几条螺旋型云带,螺旋云带的云顶亮温明显低于周边云区(图 3f,n),表明此时与其对应的对流层高层有明显的反气旋高压环流、高空引导气流呈明显辐散状态和较强涡度配合。这种情形时预示着未来该区域出现暴雨或极端暴雨的可能大,且在西北地区具有一定的适用性[3]，这是判别影响云系在具有"厂"字型或"倒三角"前兆信号的基础上能否进一步演变、发展成为极端暴雨的一个重要判据(2011 年 7 月 21 日北京大暴雨其前期云图也出现过类似的前兆信号特征)。

　　进一步分析发现，当"厂"字型或"倒三角"云系以纬向特征明显时，未来极端暴雨降水雨区相对集中，纬向特征也相对明显(图 3g)，极端暴雨主要出现在秦岭北侧，如"7.2"暴雨和"8.8"暴雨。当"厂"字型或"倒三角"云系经向特征明显时，未来极端暴雨降水雨区相对分散，经向特征更明显(图 3d,o)，极端暴雨的落区在秦岭南北两侧都会出现，南北跨度大，甘肃东部、陕北、关中和陕南均可出现，这类云系稳定少动特征较明显，如"7.23-24"暴雨时云系在陕西境内维持近 24 小时。最大降水站点落区多出现在"厂"字型或"倒三角"云系的南段或"厂"字的空白区域部分，如"6.8"暴雨和"7.23-24"暴雨。

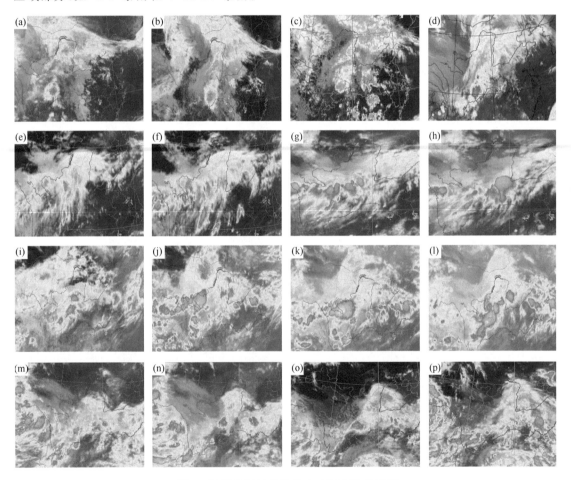

图 3　极端暴雨过程的前兆云图和演变特征

(a)2002 年 6 月 8 日 08 时;(b)2002 年 6 月 8 日 10 时;(c)2002 年 6 月 8 日 14 时;

(d)2002 年 6 月 9 日 04 时;(e)2007 年 8 月 8 日 13 时;(f)2007 年 8 月 8 日 16 时;

(g)2007 年 8 月 8 日 20 时;(h)2007 年 8 月 8 日 23 时;(i)2005 年 7 月 1 日 13 时;

(j)2005 年 7 月 1 日 19 时;(k)2005 年 7 月 1 日 23 时;(l)2005 年 7 月 2 日 06 时;

(m)2010 年 7 月 22 日 22 时;(n)2010 年 7 月 23 日 03 时;(o)2005 年 7 月 23 日 14 时;

(p)2005 年 7 月 23 日 19 时

实际预报中发现在一般性降水过程中,当降水过程前期云型(系)具备上述结构时,实际降水量要比原预报值偏大一档。充分表明这种"厂"字型或"倒三角"云系的前兆信号对青藏高原东北侧强降水有较好的预报指示意义。相关物理机制还需从高低空环流配置和动力场等方面进一步揭示和研究。

4.2　云系(型)演变及云顶亮温与强降特征

分析 4 次极端暴雨云系东移、加强的演变过程,当青藏高原东北侧的影响云系已具有极端暴雨云型前兆特征时,云系东移、南压的过程中其的顶部会明显向东南方向一侧出现发散、同时有几条反气旋弯曲的螺旋型云带特征,且该云带以西北—东南向型存在时,就要对这类西北—东南云带附近出现发展、加强型的任意一个中尺度对流云团高度重视(图 3g,k,o),密切监视对流云团发展变化及周边测站短时强降水实况,观测其他环流配置,结合雷达回波可及时发布短时暴雨预报。另外,分析极端暴雨云团的云顶亮温(TBB)与强降水时段及落区的关系显示,最大小时降雨量与 TBB 的最低时段匹配对应较好。当青藏高原东北侧的暴雨云团迅速发展到最强时,往往是对流最为强盛、强降水的小时最大雨量最强(图 3h)、云顶亮温(TBB)值的最低值时段(图略)。如:"6.8"暴雨云团突然发展加强,TBB 最低值从 8 日 21 时前一小时的−58℃降低到−72℃,8 日 23 时—9 日 00 时 MCC 云团面积达到最大,咸阳 23 时 1 h 降水 63.4 mm。9 日00 时,高陵 1 h 降水 92.1 mm,泾河 1 h 降水 66.0 mm,三原 1 h 降水 46.0 mm,云顶亮温(TBB)中心强度一直维持在为−74℃。01 时,MCC 已明显减弱,中心强度减小到−68℃以下。03时,MCC 云团减弱明显,关中地区内已无大于 10.0 mm/h 的降水。

5　极端暴雨发生、加强的物理条件分析

5.1　极端暴雨发展的辐散、辐合条件

4 次极端暴雨过程都是与大范围区域性暴雨相伴出现的暴雨过程,其对流高层必须有大范围的强烈辐散配合。前一时和发生时 200 hPa 涡度值演变可以看出,涡度值均维持在−40~−60×10⁻⁶ s⁻¹,有一定的垂直厚度。当极端暴雨生成、加强到最强时段时,200 hPa 负涡度中心位置多较前一时次出现了东移、南压的情形,即小于−60×10⁻⁶ s⁻¹ 负涡度值范围会进一步扩大,如"7.2"暴雨、"8.8"暴雨等,其中后者的负涡度区东移加强明显(图 5c),负涡度值已下降到−80×10⁻⁶ s⁻¹,表明高层辐散增强十分显著,这类暴雨云团尺度偏大而影响云团常会发展成为 MCC 的尺度(图 3h)。

进一步对比发现 200 hPa 负涡度区域形状与其云型有一定正相关,即负涡度区域形状呈纬(经)向型时极端暴雨云型就具有明显的东西(南北)特征。

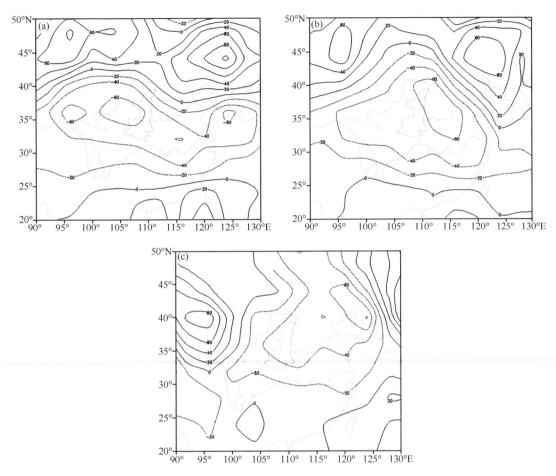

图 4 极端暴雨发生前一时次和暴雨时的 200 hPa 涡度图

(a)2005 年 7 月 1 日 08 时;(b)2005 年 7 月 1 日 20 时;(c)2007 年 8 月 8 日 20 时

5.2 冷空气对极端暴雨云系的发展、加强作用

冷空气为大范围的暴雨发生、发展提供动力抬升和触发作用。选取对流中低层 700 hPa、850 hPa 的温度平流项来分析冷空气对极端暴雨的影响作用。4 次过程中,都存在冷空气的作用和影响,这一特征在极端暴雨发展、加强时表现明显。最强时 700 hPa 冷平流中心值达到 -25×10^{-3} ℃・s^{-1}(图 5b)。冷空气若是经甘肃侵入低涡环流时,700 hPa 冷平流表现明显。冷空气从山西的北部、山西的中南部侵入低涡环流时,这种情形在 850 hPa 冷平流表现明显。

综合地面冷空气和对流中低层的冷平流项分析表明,冷空气和冷平流的影响对青藏高原东北侧的极端暴雨发生具有触发机制。当冷平流从对流层低层经西北部侵入影响低涡后部,使得涡区斜压性加强[10,11],加大了暴雨区域垂直方向的温度递减率,增加了该区域大气的不稳定,激发对流的加强;其次冷平流起到一个冷垫作用,利于暖湿气流强迫抬升,使低层大气出现大范围辐合上升运动,为极端暴雨发生提供有利环境。

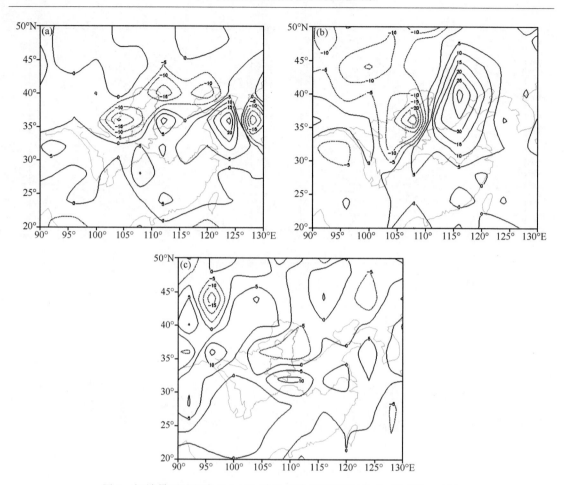

图5 极端暴雨过程中700 hPa冷平流路径影响图(单位:$10^{-3}℃·s^{-1}$)

(a)2005年7月2日08时;(b)2002年6月9日08时;(c)2010年7月23日20时

6 结论

(1)青藏高原东北侧的极端暴雨过程16年间共有4次,夜间至凌晨特征明显。其中三次有远距离台风存在,表明远距离台风对青藏高原东南部的大范围极端降水影响作用明显。

(2)环境场特征显示该区域的极端暴雨前,地面图上四川东部及陕西南部多为稳定少动的热低压区,高低压之间形成气压梯度密集带的走向与极端暴雨云系及暴雨带的走向有一致性;700 hPa图上,在榆中、武都和平凉一带有低涡环流存在,其东侧从孟加拉湾经贵州、重庆西部、四川东部有明显的偏南急流配合;这支急流与极端暴雨发展、加强相同步。

(3)云图特征显示:极端暴雨前兆云型除有冷锋云系和青藏高原的涡旋云系特征外,云系总体上有"厂"字型或"倒三角"型的结构特征,极端暴雨云团多从"厂"字空白区前部暖区发展形成,密切关注该暖区西北—东南云带附近出现发展、加强型的中尺度对流云团及周边测站强降水,是本区极端暴雨预警的关键一环。云顶亮温特征显示,最大小时降雨量与TBB的最低时段匹配对应较好。

(4)200 hPa负涡度区域形状与其云型有一定正相关,即负涡度区域形状呈纬向(经向)形

时极端暴雨云型东西向(南北向)特征明显，

(5)冷平流的影响对青藏高原东北侧的极端暴雨发生、发展起着触发机制和加强作用,冷平流多从西侧、北侧侵入暴雨区域。

参考文献

[1] 卢乃锰,吴蓉璋.强对流降水云团的云图特征分析.应用气象学报.1997,8(3):269-275.

[2] 李向红,庞传伟,梁纬亮,等.孟加拉湾旺盛对流作为广西连续暴雨的前兆信号特征分析.气象,2015,41(11):1383-1389.

[3] 任素玲,许建民,蒋建莹.与对流层高度反气旋有关的强降水卫星图像特征//2013年卫星遥感应用技术交流论文集.北京:气象出版社.2014,53-66.

[4] 陈渭民.卫星气象学.北京:气象出版社.2005,238-306.

[5] 方宗义,覃丹宇.暴雨云团的卫星监测和研究进展.应用气象学报,2006,17(5):583-593.

[6] 覃丹宇,方宗义,江吉喜,等.MCC和一般暴雨云团发生发展的环境场差异.应用气象学,2004,15(5):590-600.

[7] 苗爱梅,董春卿,张红雨,等."0811"暴雨过程中MCC与一般暴雨云团的对比分析.高原气象.2012,31(3):713-744.

[8] 许爱华,马中元,叶小峰.江西8种强对流天气形势与云型特征分析.气象,2011,37(10):1185-1195.

[9] 侯建忠,权卫民,潘留杰,等.青藏高原东北侧地区的暴雨特征分析.陕西气象,2014(1):1-4.

[10] 白肇烨,徐国昌.中国西北天气.北京:气象出版社.1988,218-229.

[11] 潘旸,李建,宇如聪,等.东移西南涡空间结构的气候特征.气候与环境研究.2011,16(1):67-68.

中国东海近岸 MODIS 数据大气校正

何全军[1]　　陈楚群[2]

（1. 广东省生态气象中心，广州 510640；

2. 中国科学院南海海洋研究所热带海洋国家重点实验室，广州 510301）

摘　要： 本文以覆盖我国东海近岸浑浊水体区的中分辨率成像光谱仪 MODIS 数据为研究案例，采用一种新的基于"等效清洁水体"（ECW(Equivalent Clear Water)）概念的大气校正算法进行浑浊水体区遥感数据大气校正处理。该算法利用水体在近红外以及短波红外波段的反射率与波长之间的指数关系，将浑浊水体中的悬浮物在近红外波段引起的反射率剔除，从而将浑浊水体转换为符合"暗像元"假设的"等效清洁水体"，再对标准近红外大气校正算法进行修改来实现浑浊水体区 MODIS 数据的大气校正处理。通过与水色遥感数据处理软件 SeaDAS 内置的三种大气校正算法的处理结果进行比较，结果表明，本文中提出的 ECW 算法在浑浊水体区的 MODIS 数据大气校正处理取得了极大的改进。

关键词： 中分辨率成像光谱仪；浑浊水体；等效清洁水体；大气校正；中国东海

1　前言

在海洋水色遥感中，卫星传感器测量的可见光波段的辐射超过 90% 来自大气散射辐射和表面反射辐射，来自水体的辐射信号不足 10%[1]，因此，大气校正对海洋水色遥感至关重要，是海洋水色遥感的关键技术之一[2]。去除大气散射和表面反射影响的过程就是大气校正[3]。由于表面反射的影响非常小，在大气校正中通常被忽略不计。大气散射主要包括瑞利散射和气溶胶散射，而大气分子引起的瑞利散射可以通过理论精确计算出来，所以气溶胶散射的计算就成了大气校正的关键和难点。

在大洋清洁水体区域，基于两个近红外 NIR(Near Infrared) 波段的标准大气校正算法已经取得了巨大成功并被广泛应用于 SeaWiFS[4,5] 和 MODIS[6,7] 等卫星遥感数据的大气校正。标准大气校正方法的基础是"暗像元"假设[8]，即水体在近红外波段的离水辐射可以忽略不计，卫星在该波段接收到的辐射都是由大气分子和气溶胶的散射作用所引起，在这个假设下，可以利用两个近红外波段的反射率来估算气溶胶的反射率。然而，在近岸的浑浊水体区域，"暗像元"这一假设不再成立，继续使用标准大气校正方法会引起离水辐射过低甚至为负值[8,9]。近海岸海域海洋水色遥感数据大气校正的失败，严重制约了海洋水色遥感技术在该海域的应用，针对二类浑浊水体遥感数据大气校正的算法研究备受重视[10~14]。

Land 和 Haigh[9] 针对浑浊水体区遥感数据提出一种迭代校正方法，Antoine 和 Morel[15] 基于吸收性气溶胶模型提出一种多次散射算法，Moore 等人[16] 利用耦合水文大气光学模型进行 MERIS 数据大气校正。Hu 等[17] 利用邻近清洁水体的气溶胶对浑浊水体区的 SeaWiFS 数据进行大气校正,Ruddick 等[18]提出一种对标准 SeaWiFS 大气校正算法进行扩展和修订的 MUMM 大气校正方法。韦钧等[19]和 Chen 等[20]针对珠江口二类水体区 SeaWiFS 数据开发了 Local 大气校正算法。Lavender 等[21]利用悬浮物与离水反射率之间的关系建立耦合海洋大气模型,提出一种"亮像元"迭代大气校正算法。Wang 和 Shi[22]利用两个短波红外 SWIR (Shortwave Infrared)波段进行浑浊水体区 MODIS 数据大气校正,并提出了近红外与短波红外波段结合的 NIR-SWIR 大气校正方法。Chen 等[23]提出了一种基于交叉校准模型的改进 SWIR 算法进行 MODIS 数据大气校正。Bailey 等[24]针对 SeaWiFS 传感器提出了修订的近红外反射率大气校正模型。Jiang 和 Wang[25]综合 Ruddick 等[18]、Bailey 等[24]以及 Wang 和 Shi[22]所开发的大气校正算法,提出一种改进的近红外海洋反射率大气校正算法。Concha 和 Schott[26]通过修改传统的经验线性方法进行二类浑浊水体区的 Landsat8 数据的大气校正。此外,He 等[27,28]利用波长更短的蓝光和紫外波段实现浑浊水体区遥感数据的大气校正处理,还有很多研究人员利用多种卫星数据相互辅助实现大气校正[29~33]。

我们最近提出了一种新的利用短波红外波段数据开展大气校正的方法,并在珠江口浑浊水体区 MODIS 数据大气校正中取得成功[34]。在此基础上,通过理论上的深化研究,我们提出"等效清洁水体"ECW(Equivalent Clear Water)的概念,使该大气校正新算法的机理更加清晰完备。为了检验该大气校正方法在更加浑浊海域的适应性,本文以东海近岸浑浊海域为研究区,将我们的校正结果与水色传感器数据处理软件 SeaDAS(SeaWiFS data analysis system)[35]中提供的大气校正方法的校正结果进行对比。

2 等效清洁水体

浑浊水体区遥感数据的大气校正失败归因于水体中的悬浮物在近红外波段具有较高的反射率,应用标准 NIR 大气校正方法进行大气校正处理时会使得气溶胶散射被高估,从而导致大气校正过校正而失败。有鉴于此,本文提出一种简便有效的方法将浑浊水体中悬浮物在近红外波段引起的高反射剔除,这样就可以得到一种新的符合"暗像元"假设条件的近红外波段的水体反射率,从而将浑浊水体转变为一种新的"等效清洁水体"。而这种"等效清洁水体"满足了"暗像元"的假设条件,可以利用标准 NIR 大气校正方法[4,5]来实现浑浊水体的大气校正处理。

根据 Gordon 和 Wang[4]的研究,太阳耀斑和白帽引起的表面反射不被考虑时,大气顶部的总反射率可以简单地描述为如下公式:

$$\rho_t(\lambda) = \rho_r(\lambda) + \rho_a(\lambda) + t(\lambda)\rho_w(\lambda) \tag{1}$$

这里 $\rho_t(\lambda)$ 是波长 λ 处大气顶部的总反射率,$\rho_r(\lambda)$ 是大气分子形成的多次瑞利反射,$\rho_a(\lambda)$ 是气溶胶多次散射产生的气溶胶反射(包括了气溶胶与大气分子之间的相互反射)。$\rho_w(\lambda)$ 是离水反射率,$t(\lambda)$ 是从洋面到传感器之间在卫星视场方向的漫透过率。

瑞利反射率可以通过理论公式被精确地计算出来,因此它可以从总的大气顶部反射率中被减去,得到瑞利校正反射率 $\rho_{rc}(\lambda)$,可以用公式定义为:

$$\rho_{rc}(\lambda) = \rho_t(\lambda) - \rho_r(\lambda) = \rho_a(\lambda) + t(\lambda)\rho_w(\lambda) \tag{2}$$

从公式(2)中可以看到瑞利校正反射率 $\rho_{rc}(\lambda)$ 仅受气溶胶散射反射率和离水反射率影响。

在清洁水体区域,MODIS 的 0.748、0.869、1.24、1.64 及 2.13 μm 波段的水体反射率都满足了"暗像元"的假设条件,因此瑞利校正反射率就是气溶胶散射引起的反射率,但对于浑浊水体来说,仅有 1.24、1.64 及 2.13 μm 等短波红外波段才能满足该条件。通过对覆盖多处浑浊水体区域的大量 MODIS 数据进行研究[36],并分别使用幂函数、对数函数以及指数函数来拟合近红外波段、短波红外波段的瑞利校正反射率与波长之间的关系时发现,使用 e 为底数的指数函数能够最为准确地描述瑞利校正反射率与波长之间拟合关系。

以 2010 年 10 月 30 日覆盖中国东海近岸区域的 Terra/MODIS 数据为实例,利用中心波长为 0.645、0.555 和 0.469 μm 的三个可见光波段的反射率数据合成卫星影像,如图 1a 所示。从该卫星影像可以看到,在东海近岸地区存在大范围的高度浑浊水体区域,而且近岸浑浊水体向外海的扩散趋势也是清晰可辨,与清洁水体形成鲜明对比。

利用 SeaDAS6.4 软件计算的瑞利散射反射率完成 Terra/MODIS 反射率数据的瑞利校正处理,并根据目视解译以及 SeaDAS 的处理结果,将东海近岸水体划分为浑浊水体和清洁水体,并对这两种水体进行瑞利校正反射率样本的采集和统计。采样点位置如图 1a 中所示,每种水体类型各选择 4 个采样点,其中 C1、C2、C3 和 C4 代表清洁水体,T1、T2、T3 和 T4 代表浑浊水体。为了使采样数据具有区域代表性,每个采样点的反射率值取 7×7 窗口范围内像素的平均值。图 1b 是代表清洁水体的 0.748、0.869、1.24、1.64 和 2.13 μm 波段的瑞利校正反射率与波长之间的 e 指数函数趋势线,图 1c 是代表浑浊水体的 1.24、1.64 和 2.13 μm 波段的瑞利校正反射率与波长之间的 e 指数函数趋势线。

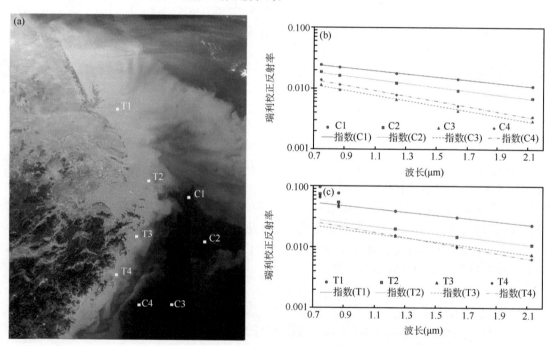

图 1　(a)东海近岸 Terra/MODIS 影像图及清洁水体(b)和浑浊水体
(c)瑞利校正反射率与波长的指数函数拟合图

可以发现,清洁水体中五个波段的瑞利校正反射率的指数关系非常好,R^2 分别达到了 0.9979、0.9942、0.9934 和 0.9949. 浑浊水体中三个短波红外波段的指数关系也非常好,R^2 分别为 1.0000、0.9974、0.9918 和 0.9953,而浑浊水体中两个近红外波段的瑞利校正反射率显著高于指数函数的拟合值,超过指数函数拟合值的这部分反射率就可以归因于浑浊水体中悬浮物的反射所贡献。因此我们可以通过这个指数函数剔除水体中悬浮物对近红外波段的反射率影响，得到一个新的由指数函数外推计算出来的反射率 ρ_{ef}，即 $\rho_{ef} = ae^{b\lambda}$，其中 a 和 b 是拟合系数，并且随着每个像素的变化而变化。ρ_{ef} 主要受气溶胶影响，完全不受悬浮物的影响或者说悬浮物的影响被降低到可忽略不计，从而可以利用 ρ_{ef} 将浑浊水体转换为"等效清洁水体"。而这个指数函数则是由 1.24、1.64 和 $2.14 \mu m$ 的瑞利校正反射率和中心波长推导出来，同时这个函数也是随着 MODIS 数据中的像素的变化而改变。

3　大气校正算法实现

对清洁水体来说，近红外波段的离水反射率是 0，因此，由公式（1）和（2）可以获得总的气溶胶的多次散射反射率，

$$\rho_a(\lambda) = \rho_t(\lambda) - \rho_r(\lambda) = \rho_{rc}(\lambda) \tag{3}$$

根据 Gordon 和 Wang[4,5] 以及 Ruddick 等[18] 的研究引入一个大气校正因子 $\varepsilon(0.748, 0.869)$，

$$\varepsilon(0.748, 0.869) \equiv \rho_a(0.748)/\rho_a(0.869) = \rho_{rc}(0.748)/\rho_{rc}(0.869) \tag{4}$$

式中 $\varepsilon(0.748, 0.869)$ 表示 MODIS 两个近红外波段 0.748 和 0.869 μm 的气溶胶反射率比值。

对浑浊水体来说，近红外波段的 $\rho_{rc}(\lambda)$ 中包含悬浮物引起的离水反射率，公式（3）和（4）不成立。在这里，用 $\rho_{ef}(\lambda)$ 来替代浑浊水体的 $\rho_{rc}(\lambda)$，从而将公式（4）改写为

$$\varepsilon(0.748, 0.869) \equiv \rho_{ef}(0.748)/\rho_{ef}(0.869) \tag{5}$$

同时，Wang 和 Gordon[5] 认为 ε 和波长 λ 之间的关系可以通过一个指数形式来表达：

$$\varepsilon(i, 0.869) = \exp[c(i - 0.869)] \tag{6}$$

式中的 c 在一个很小的空间区域内对某一种气溶胶类型来说是个固定不变的常数，i 则代表 MODIS 数据从 0.412 到 0.869 μm 范围内的任意一个中心波长。如公式（5）所示，常数 c 可以通过两个近红外波段的气溶胶反射率比值 $\varepsilon(0.748, 0.869)$ 计算得到，通过公式（6）来计算其它所有可见光通道的 $\varepsilon(i, 0.869)$，从而所有波段的气溶胶散射引起的反射率可以被计算出来。

至此，经过大气校正处理的离水反射率 $\rho_w(\lambda)$ 可以按照公式（7）被计算出来，

$$\rho_w(\lambda) = [\rho_t(\lambda) - \rho_r(\lambda) - \rho_a(\lambda)]/t(\lambda) \tag{7}$$

有了离水反射率就可以通过相应的转换公式得到相应的遥感反射率以及离水辐射等水色参数。

4　大气校正结果对比

在缺乏与卫星数据同步观测的实测数据时，通过将新的大气校正算法的结果与那些已被检验过并被广大科研人员所认可的算法的结果进行对比，也是检验新算法结果可靠性的一种方式，因此内部集成了多种大气校正算法并被广泛应用于海洋水色遥感产品处理的 Sea-DAS6.4 软件就是最好的选择。分别选择了 SeaDAS 软件内置的 NIR、MUMM 以及 NIR-SWIR 三种典型算法进行 MODIS 数据的大气校正处理，得到归一化离水辐射率 $nL_w(\lambda)$，并与本文提出的新算法的结果进行比较。为了明确新算法与其他算法的区别，对新算法取名为 ECW 算法。四种算法进行大气校正处理的结果如图 2 所示。

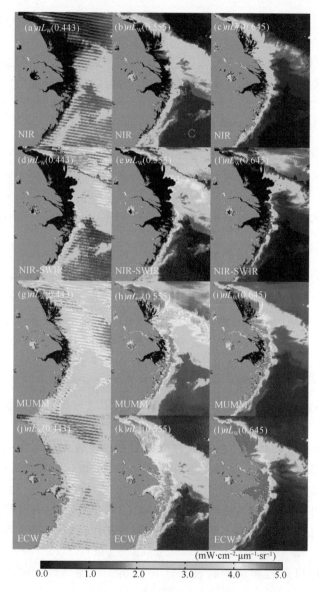

$(mW·cm^{-2}·\mu m^{-1}·sr^{-1})$

图 2　四种大气校正算法处理结果对比

从图 2 中可以直观地看到,利用 SeaDAS 软件进行大气校正处理的结果中,在近岸浑浊水体区域存在大面积黑色的大气校正失败区域,而在同样的浑浊水体区域本文所提出的 ECW 算法则成功地实现了大气校正处理,获得了比较合理的归一化离水辐射率值,说明 ECW 算法在浑浊水体区的 MODIS 数据大气校正处理取得了显著的改进,没有大气校正失败区域。

此外,为了进一步比较不同大气校正算法的处理结果,在东海近岸不同的水体类型区选择三个像元点进行四种不同算法的结果比较,位置如图 2b 中的 A、B 和 C 所示,图 3 为这四种算法的结果对比图。由于 A 点位于浑浊度最高的水体区域,SeaDAS 的三种算法在该点都没有有效的归一化离水辐射率,只有 ECW 算法取得了有效值,该位置水体富含泥沙悬浮物,因此辐射率的峰值出现在红光波段 $0.645~\mu m$ 附近。B 点属于中度浑浊水体区域,四种算法都获得了有效的归一化离水辐射率,NIR 算法的结果最低,并且在近红外波段的归一化离水辐射率为 0,而其他三种算法的结果比较接近。C 点属于清洁水体区域,NIR 和 NIR-SWIR 算法的结果完全一致,MUMM 算法结果偏高,ECW 算法的结果处于中间位置。

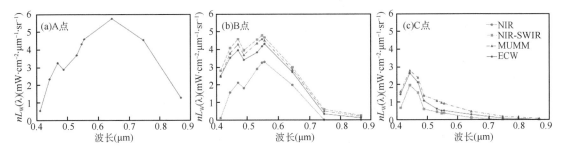

图 3 SeaDAS 内置 NIR、NIR-SWIR 及 MUMM 算法与 ECW 算法的结果对比

5　结　论

导致标准近红外大气校正算法在浑浊水体区的遥感数据大气校正失败的原因在于浑浊水体中的悬浮物在近红外波段引起的离水反射率不能忽略,然而对于波长更长的短波红外波段来说,浑浊水体的离水反射率却可以被忽略不计。因此,基于"暗像元"假设条件,本文利用短波红外波段的瑞利校正反射率与波长之间的 e 指数函数关系提出一种将浑浊水体转变为"等效清洁水体"后再利用标准算法实现大气校正的 ECW 方法。

在 ECW 算法中,浑浊水体区域所使用的近红外波段的气溶胶反射率由短波红外波段拟合计算而来,有效地剔除了浑浊水体中的悬浮物反射影响,避免了近红外波段在高浑浊水体的反射率引起的大气校正失败。

同时,相对于 SeaDAS6.4 内置的 NIR 算法、NIR-SWIR 算法和 MUMM 算法,ECW 算法在东海近岸浑浊水体区域的 Terra/MODIS 数据大气校正处理取得了非常明显的改进,没有大气校正失败区域,新算法无论是在浑浊水体还是在清洁水体区域都能取得比较合理的离水辐射率值。

参考文献

[1]　Wang M. A sensitivity study of the SeaWiFS atmospheric correction algorithm:Effects of spectral band variations. *Remote Sensing of Environment*,1999,**67**(3):348-359.

[2]　陈楚群. 海洋水色遥感资料红光波段的大气纠正. 热带海洋,1998,**17**(2):81-87.

[3]　Gordon H R,Wang M. Surface-roughness considerations for atmospheric correction of ocean color sensors. I:The Rayleigh-scattering component. *Applied Optics*,1992,**31**(21):4247-4260.

[4]　Gordon H R,Wang M. Retrieval of water-leaving radiance and aerosol optical thickness over the oceans with SeaWiFS:A preliminary algorithm. *Applied Optics*,1994,**33**(3):443-452.

[5]　Wang M,Gordon H R. A simple,moderately accurate,atmospheric correction algorithm for SeaWiFS. *Remote Sensing of Environment*,1994,**50**(3):231-239.

[6]　Gordon H R. Atmospheric correction of ocean color imagery in the Earth Observing System era. *Journal of Geophysical Research*,1997,**102**(D14):17081-17106.

[7] Clark D K, Gordon H R, Voss K J, et al. Validation of atmospheric correction over the oceans. *Journal of Geophysical Research*, 1997, **102**(D14):17209-17217.

[8] Siegel D A, Wang M, Maritorena S, et al. Atmospheric correction of satellite ocean color imagery: The black pixel assumption. *Applied Optics*, 2000, **39**(21):3582-3591.

[9] Land P E, Haigh J D. Atmospheric correction over case 2 waters with an iterative fitting algorithm. *Applied Optics*, 1996, **35**(27):5443-5451.

[10] Gao B-C, Montes M J, Li R-R, et al. An atmospheric correction algorithm for remote sensing of bright coastal waters using MODIS land and ocean channels in the solar spectral region. *IEEE Transactions on Geoscience and Remote Sensing*, 2007, **45**(6):1835-1843.

[11] Tian L, Chen X, Zhang T, et al. Atmospheric correction of ocean color imagery over turbid coastal waters using active and passive remote sensing. *Chinese Journal of Oceanology and Limnology*, 2009, **27**(1): 124-128.

[12] Chen J, Quan W, Zhang M, et al. A simple atmospheric correction algorithm for MODIS in shallow turbid waters. *IEEE Journal of Selected Topics in Applied Earth Observations and Remote Sensing*. 2013, **6**(4):1825-1833.

[13] Singh R K, Shanmugam P. A novel method for estimation of aerosol radiance and its extrapolation in the atmospheric correction of satellite data over optically complex oceanic waters. *Remote Sensing of Environment*, 2014, **142**:188-206.

[14] Zhang M, Tang J, Dong Q, et al. Atmospheric correction of HJ-1 CCD imagery over turbid lake waters. *Optics Express*, 2014, **22**(7):7906-7924.

[15] Antoine D, Morel A. A multiple scattering algorithm for atmospheric correction of remotely sensed ocean colour(MERIS instrument): principle and implementation for atmospheres carrying various aerosols including absorbing ones. *Indian Journal of Marine Sciences*, 1999, **20**(9):1875-1916.

[16] Moore G F, Aiken J, Lavender S J. The atmospheric correction of water colour and the quantitative retrieval of suspended particulate matter in case II waters: Application to MERIS. *International Journal of Remote Sensing*, 1999, **20**(9):1713-1733.

[17] Hu C, Carder K L, Muller-Karger F E. Atmospheric correction of SeaWiFS imagery over turbid coastal waters: a practical method. *Remote Sensing of Environment*, 2000, **74**:195-206.

[18] Ruddick K G, Ovidio F, Rijkeboer M. Atmospheric correction of SeaWiFS imagery for turbid coastal and inland waters. *Applied Optics*, 2000, **39**(6):897-912.

[19] 韦钧, 陈楚群, 施平. 一种实用的二类水体 SeaWiFS 资料大气校正方法. 海洋学报, 2002, **24**(4): 118-126.

[20] Chen C, Wei J, Shi P. Atmospheric correction of SeaWiFS imagery for turbid waters in Southern China coastal areas. Proceedings of the SPIE, Hangzhou, China, October 23, 2002.

[21] Lavender S J, Pinkerton M H, Moore G F, et al. Modification to the atmospheric correction of SeaWiFS ocean colour images over turbid waters. *Continental Shelf Research*, 2005, **25**(4):539-555.

[22] Wang M, Shi W. The NIR-SWIR combined atmospheric correction approach for MODIS ocean color data processing. *Optics Express*, 2007, **15**(24):15722-15733.

[23] Chen J, Cui T, Lin C. An improved SWIR atmospheric correction model: A cross-calibration-based model. *IEEE Transactions on Geoscience and Remote Sensing*, 2014, **52**(7):3959-3967.

[24] Bailey S W, Franz B A, Werdell P J. Estimation of near-infrared water-leaving reflectance for satellite ocean color data processing. *Optics Express*, 2010, **18**(7):7521-7527.

[25] Jiang L, Wang M. Improved near-infrared ocean reflectance correction algorithm for satellite ocean color

data processing. *Optics Express*,2014,**22**(18):21657-21678.

[26] Concha J A,Schott J R. A model-based ELM for atmospheric correction over Case 2 water with Landsat 8. Proceedings of the SPIE,Baltimore,Maryland,USA,May 05,2014.

[27] He X,Pan D,Mao Z. Atmospheric correction of SeaWiFS imagery for turbid coastal and inland waters. *Acta Oceanologica Sinica*,2004,**23**(4):609-615.

[28] He X,Bai Y,Pan D,et al. Atmospheric correction of satellite ocean color imagery using the ultraviolet wavelength for highly turbid waters. *Optics Express*,2012,**20**(18):20745-20770.

[29] Wang M,Shi W,Jiang L. Atmospheric correction using near-infrared bands for satellite ocean color data processing in the turbid western Pacific region. *Optics Express*,2012,**20**(2):741-753.

[30] Roy D P,Qin Y,Kovalskyy V,et al. Conterminous United States demonstration and characterization of MODIS-based Landsat ETM+ atmospheric correction. *Remote Sensing of Environment*,2014,**140**:433-449.

[31] 彭妮娜,易维宁,麻金继,等. 利用 MODIS 数据进行 QuickBird-2 卫星海岸带图像大气校正研究. 光学学报,2008,**28**(5):817-821.

[32] 邱凤,陈晓玲,田礼乔,等. HJ-1A/B 卫星 CCD 影像辅助的 MODIS 水色大气校正产品质量改进. 武汉大学学报・信息科学版,2012,**37**(9):1083-1086.

[33] Hu C,Muller-Karger F E,Andrefouet S,et al. Atmospheric correction and cross-calibration of LAND-SAT-7/ETM+ imagery over aquatic environments:A multiplatform approach using SeaWiFS/MODIS. *Remote Sensing of Environment*,2001,**78**(1-2):99-107.

[34] He Q,Chen C. A new approach for atmospheric correction of MODIS imagery in turbid coastal waters:A case study for the Pearl River Estuary. *Remote Sensing Letters*,2014,**5**(3):249-257.

[35] Baith K,Lindsay R,Fu G,et al. Data analysis system developed for ocean color satellite sensors. *Eos,Transactions American Geophysical Union*,2001,**82**(18):202-203.

[36] 何全军. 近岸混浊水体区 MODIS 数据大气校正算法研究. 博士论文,北京:中国科学院大学研究生院. 2014.

基于 OSCAR 数据的南海表层海流特征分析[*]

李天然[1]　何璐希[2]　叶　萌[1]　郭春迓[1]　杨国杰[1]　方一川[1]

(1. 广东省气象台，广州 510080；2. 华南师范大学附属中学，广州 510630)

摘　要：本文利用海洋表层流场资料(Ocean Surface Currents Analyses-Realtime，OSCAR)，研究了南海表层海流的季节变化特征。结果分析表明，在南海北部、中部和南海海域的表层海流的表现出明显的逐季节变化特征，4 个季节的表层海流的极值分布亦存在明显的季节变化特征，且表现出明显的冬强夏弱的季节性特点。南海不同海域的表层海流流速及其 u/v 分量呈现明显的季节变化和年际变化特点。表层海流的流向玫瑰图表明，在不同季节南海不同海域的表层海流流向亦有较为明显的季节变化特点。

关键词：表层海流 OSCAR；南海；特征分析

1　前言

中国南海海域($100°\sim125°$E，$0°\sim25°$N)是一个半封闭的深水边缘海，由大陆海岸线和海洋性大陆所包围，面积 350×10^4 km²。南海海底地形复杂，属于季风区域，冬季盛行东北季风，夏季为西南季风，季风的变化交替使得南海表层海流呈现明显的季节变化[1,2]。

很多研究表明，南海表层海流的演变过程和规律是物理海洋学的重要课题[3~5]。由于观测手段、观测仪器和观测成本的限制，实际直接的海流观测资料较为稀缺，因此间接反演推算是获取大范围海洋流场信息的重要手段，主要技术途径包括：1)直接从表面漂流浮标或自由漂流剖面浮标(如 Argo 浮标)位置信息对表层和中层海流进行估计。比如，郭吉鸽等[6]利用 Argo 浮标轨迹和卡尔曼滤波表面轨迹模型估算了大洋表层和中层海流信息。Xie 等[7,8]提出用卡尔曼滤波方法对浮标定位点序列进行最优分析以改善海洋表层海流估计的可靠性。2)利用卫星遥感测量所获得的海表温度、海面高度等海洋环境信息，以及反演得到的海洋风场，集合动力学方法，来反演估算表层海流场是获取海洋流场信息的重要途径[9]。

近年来，很多学者通过卫星高度计资料、卫星跟踪漂流浮标、直接观测数据、间接反演数据、数值模拟等数据和方法对南海环流作了一些有价值的研究和探索。贺志刚等[10]利用多年的 TOPEX/Poseidon 卫星高度计资料，对中国南海表层相对地转流和南海涡旋的时空变化特征进行了研究。王卫强等[11]通过数值模拟的方法对南海季风性海流的建立与调整进行了研究。李立等[12,13]应用 TOPEX/Poseidon 卫星高度计资料，对多年平均的冬、夏季风强盛期南海上层环流结构进行深入的分析。苏京志等[14,15]利用多年 Argo 浮标资料，分析了南海海域的表层海流概况，给出了 $0.5°\times0.5°$ 网格的平均海流矢量图，刘科峰等[16]基于 Argo 漂流浮标

* 资助项目：区域气象科研专项(GRMC2014M03)和广东省气象局专项(2014B01)联合资助。

分析了南海表层流场,给出了南海各季平均的实际流和地转流的季节变化特征。鲍李峰等[17]利用多年卫星测高资料研究南海上层环流季节特征。很多学者利用现场观测资料、卫星高度计等资料深入研究了南海中尺度涡的时空特征[10、18、19]。本文基于卫星高度计和散射计反演得到的海洋表层流场资料(OSCAR),分析南海表层海流特征的气候特征,以期对南海表层海流有进一步的认识和了解。

2 研究资料

海洋表层流场实时分析资料(Ocean Surface Currents Analyses-Realtime,OSCAR)是美国国家海洋大气管理局(NOAA)提供,是通过计算卫星高度计(TOPEX/Poseidon 和 Jason-1)的海表面高度(Sea Surface Height,SSH)、卫星散射计(SSM/I)的海表矢量风和海表温度(Reynolds and Smith's version 2 SST)反演得到,包括了地转流及 Ekman 流成分[9]。本文所用资料时间段为 1992 年 10 月到 2016 年 2 月。资料每年有 72 个资料序列(5 天平均),空间分辨率为 $1/3°$。其中在 1993—2005 年期间,在南海的部分海域存在相对较多的缺测点;2005 年以后,缺测点大为减少。资料获取网站:www.oscar.noaa.gov。

3 气候平均特征分析

3.1 季节平均特征分析

研究表明[1,15],南海表层海流具有明显的季风特性,及南海的表层海流流向随盛行季风的转换而改变。OSCAR 数据被广泛应用于分析大范围海洋表层环流[9]。本文中春季是指 3—5 月,夏季是 6—8 月,秋季是 9—11 月,冬季是 12—次年 2 月。首先分析春、夏、秋、冬 4 个季节期间的南海表海流平均态(如图 1)。可以看到,在春、夏、秋、冬不同季节期间,在从南海表层海流的逐季节变化来看,南海北部、中部和南海海域的表层海流表现出明显的逐季节变化特征。南海海面盛行冬强夏弱的冬季/夏季季风,春季和秋季的风处于过渡性季节的转变中。在夏季风期间南海表层海流主要为反气旋性环流控制,南海北部的反气旋环流相对较弱,南海南部的反气旋环流相对较强。在南海西南部的中南半岛沿岸有一支相对较强的东北向流,其中轴流速值达到 $50\sim60$ cm/s。而在冬季期间,南海表层海流主要为气旋性环流控制,南海北部的气旋环流较秋季、南海南部的气旋环流较为明显。在南海北部,冬季的西南向表层海流明显强于夏季期间的东北向表层海流,反映了南海季风冬强夏弱的特征变化。同时在南海西南部的中南半岛沿岸有一支相对较强的西南向流,其流速值达到 $50\sim60$ cm/s。春季和秋季是过渡季节,表层海流的特征也呈现出明显地随季风的改变而逐渐改变的特征。在春夏秋冬各个季节,中沙和南沙海域,分别处以气旋性环流和反气旋性环流的中心区域,在表层海流的流速常年相对较弱。同时在春夏秋冬各个季节中,除了南海整体的气旋性或反气旋性环流外,在不同的海域包含了若干个不同尺度的涡旋。

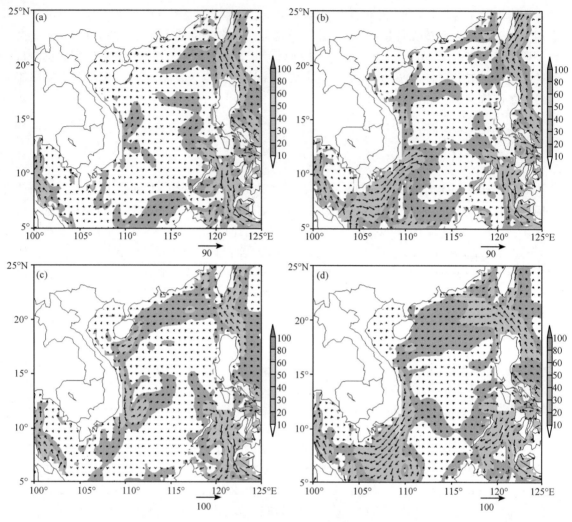

图 1　南海表层海流季节平均特征

（a. 春；b. 夏；c. 秋；d. 冬）（单位：cm/s）

　　除了上述的明显随季节变化而改变的表层海流以外，尚有一些海域的表层海流几乎不随季风方向的南北向改变而改变。一支是在巴士海峡海域，存在一支稳定的自东南向西北方向的海流，这支海流是黑潮分支通过巴士海峡进入南海的分支。另一个明显特征是在南海东南部的加里曼丹岛岛附近海域，有明显的西南向海流，这支边界流的特征几乎不随季风方向的改变而逆转，其流速中心值甚至达到了 80～100 cm/s。以前尚欠缺对该海域的观测资料而认为这支海流存在不确定性[4]，新的卫星反演数据进一步证实了以前的推测。

3.2　极值分布

　　下面进一步分析南海表层海流的季节极值分布特征和年极值分布特征。计算了 1993 年10 月到 2016 年 2 月期间，各个季节期间的各个格点的极大流速，从而得到各个季节流速的极值分布特征。图 2 是春、夏、秋、冬 4 个季节期间的南海表层海流极值分布。在春、夏、秋、冬不同季节期间，在从海表层海流极值的逐季节变化来看，南海北部、中部和南海海域的表层海流的表现出明显的逐季节变化特征。春、夏、秋、冬 4 个季节的表层海流极值的分布特征与季节的气候平均态较为相似。从图 2 可以看到,在春季,南海表层海流主要表现为弱的反气旋性环流特征。在夏季风期间南海表层海流主要为反气旋性环流控制。在秋季,南海表层海流极值出现转折态,在南海北部开始出现气旋性环流,而在南海南部,反气旋性环流开始减弱。在冬季期间,南海表层海流主要为气旋性环流控制。在南海北部,冬季的西南向表层海流明显强于夏季期间的东北向表层海流,反映了南海季风冬强夏弱的特征变化。春季和秋季是过渡季节,表层海流的特征也呈现出明显地随季风的改变而逐渐改变的特征。在春夏秋冬各个季节,中沙和南沙海域,分别处以气旋性环流和反气旋性环流的中心区域,在表层海流的流速常年相对较弱。同时在春夏秋冬各个季节中,除了南海整体的气旋性或反气旋性环流外,在不同的海域包含了若干个不同尺度的涡旋环流。

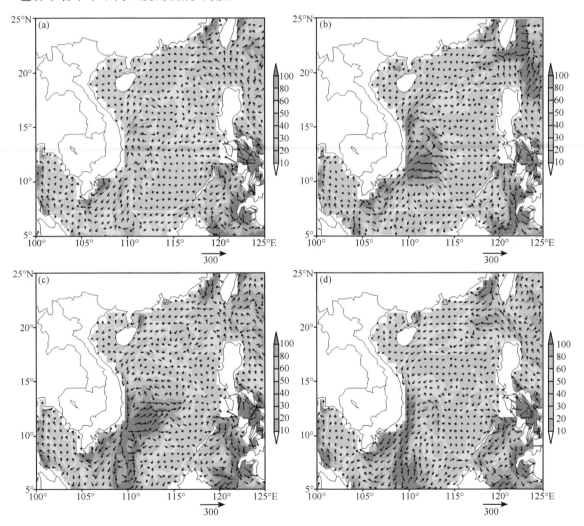

图 2　南海表层海流季节极值分布特征
(a. 春;b. 夏;c. 秋;d. 冬)(单位:cm/s)

除了上述的明显随季节变化而改变的表层海流以外,尚有一些海域的表层海流几乎不随季风方向的南北向改变而改变。一支是在巴士海峡海域,存在一支稳定的自东南向西北方向的海流,这支海流是黑潮分支通过巴士海峡进入南海的分支。另一个明显特征是在南海东南部的加里曼丹岛附近海域,有明显的西南向海流,这支边界流的特征几乎不随季风方向的改变而逆转,其流速中心值超过 100 cm/s。在泰国湾附近,春夏秋冬 4 个季节的表层海流极值分布较为类似,呈现出较为明显的反气旋环流特征。

上述分析结果表明,春、夏、秋、冬 4 个季节的表层海流极值的分布特征与季节的气候平均态较为相似,南海表层海流的极值分布亦存在明显的季节变化特征,且表现出明显的冬强夏弱的季节性特点。

计算了 1993 年 10 月到 2016 年 2 月期间南海表层海流的年极值分布(图略),通过计算历年各个格点上的极值从而得到南海表层海流极值的年分布特点。在南海东北部,极值主要表现为西南向表层海流,极值在 80～100 cm/s 之间。在珠江口外海面,极值主要表现为偏西向流,极值流速在 40～60 cm/s 之间。在南海西部边界的中南半岛沿岸海域,偏北部沿岸海域的极值主要为东北向表层海流,而在南海西南部海域极值主要为西南向表层海流,南海中部和南部海域主要处于气旋性和反气旋性环流的中心区域,表层海流相对较弱。表层海流年极值分布的上述特点进一步表明,南海海域表层海流呈现出冬强夏弱的季节性特点,从而极值分布在整体上与冬季表层海流的分布呈现类似的分布特点。

4 时间变化曲线

4.1 流速逐候气候特征

下面我们进一步分析南海表层海流在不同的海域流速的逐候变化特征。在本文中,主要对南海东北部海域($118°\sim120°E,18°\sim20°N$)、珠江口外海域($114°\sim116°E,19°\sim21°N$)、南海西南部海域($110°\sim112°E,10°\sim12°N$)的表层海流的逐候变化和候平均态的流速、$u/v$ 分量、流向的变化特征。

图 3 是南海东北部的表层海流候变化特征。从图 3a 可以看到,南海东北部流速的候平均态有明显的季节变化,有 2 个峰值和 2 个谷值。夏季和冬季有分别出现峰值,夏季峰值在 38候,冬季峰值在 65候,且冬季的峰值大于夏季峰值,冬季峰值维持时间亦比夏季峰值的维持时间长。春季和秋季为谷值,春季谷值在 18候,秋季谷值在 52候。图 3b 是南海东北部表层海流的历年逐候变化。可以看到,南海东北部表层海流有明显的年循环,每年最大的峰值均出现的冬季,最小的谷值出现在春季或者秋季。南海东北部的流速范围区间位于 10～50 cm/s之间。

图 4 是南海北部珠江口外海域的表层海流候变化特征。从图 4a 可以看到,南海北部珠江口外海域流速的候平均态有明显的季节变化,季节变化的特点与南海东北部海域表层海流有区别,有 2 个峰值和 1 个谷值。秋季和冬季有分别出现峰值,秋季峰值在 58候,冬季峰值在 7候,秋、冬季的峰值维持时间较长。谷值出现在夏季,谷值出现在 36候附近。图 4b 是南海北部珠江口外海域表层海流的历年逐候变化。可以看到,南海北部珠江口外海域表层海流有明显的年循环,每年最大的峰值均出现的冬季,最小的谷值出现在夏季。南海北部珠江口外海域的流速范围区间位于 10～40 cm/s 之间。

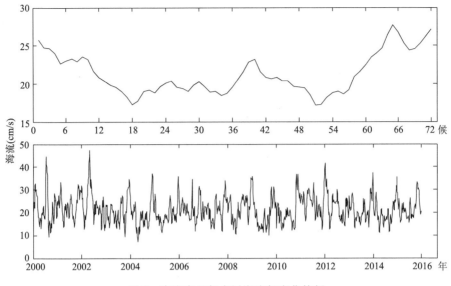

图 3　南海东北部表层海流候变化特征
（a. 候平均；b. 历年逐候变化）

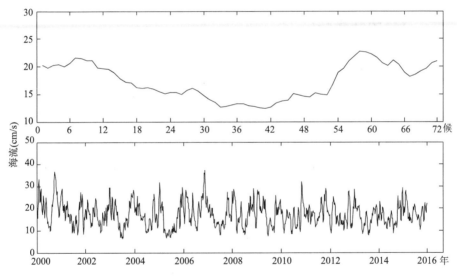

图 4　南海珠江口外表层海流候变化特征
（a. 候平均；b. 历年逐候变化）

　　图 5 是南海西南部海域的表层海流候变化特征。从图 5a 可以看到，南海西南部海域流速的候平均态为单峰型，呈现夏秋季强，冬春季弱的季节变化特点，季节变化的特点与南海东北部海域和珠江口外海域的表层海流特点有区别，有 1 个峰值和 1 个谷值。峰值出现在 8 月末 9 月初，峰值出现在 51 候。谷值出现在春季，谷值出现在 26 候附近。表层海流从 5 月开始流速逐渐增强，5 月亦是西南季风爆发的季节，流速在 9 月达到峰值，然后开始逐渐减弱。图 5b 是南海西南部海域表层海流的历年逐候变化。可以看到，南海西南部海域表层海流有明显的年循环，每年最大的峰值均出现的夏秋之交，最小的谷值出现在春季。南海西南部海域的流速范围区间位于 10～80 cm/s 之间，变化幅度和极值均大于南海东北部海域和珠江口外海域。

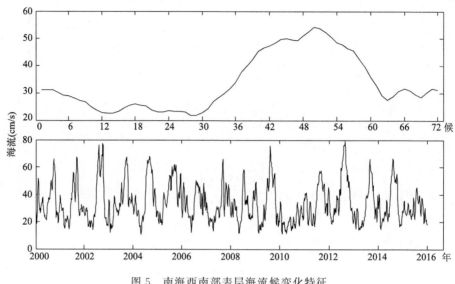

图 5　南海西南部表层海流候变化特征

（a. 候平均；b. 历年逐候变化）

4.2　*u* 和 *v* 分量的气候特征

在 4.1 中我们分析了南海不同海域表层海流的流速候变化和逐候变化特征。下面我们进一步分析南海表层海流的 *u*/*v* 分量的候变化特征。

图 6 是南海东北部表层海流 *u* 和 *v* 分量的候变化特征。图 6a 和 6b 分别为 *u* 分量和 *v* 分量，单位 cm/s。从图 6a 可以看到，*u* 分量在 24 候到 54 候之间为正值，表层海流为偏东向，时间为 5 月初到 9 月底，从春末延续到秋初，偏东向表层海流的时间跨度约为 5 个月时间。其余时间表层海流 *u* 分量为负值，表层海流为偏西向，时间长度为 7 个月，时间跨度为秋初到春季。南海东北部表层海流 *u* 分量转折的季节性因素非常明显。*u* 分量的负值变化幅度大于正值的变化幅度，约为 2 倍，说明在南海东北部海域表层海流的偏西流的强度大于偏东流。从图 6b 可以看到，*v* 分量负值主要出现在冬季，南海表层海流为偏南向流。在其它季节，*v* 分量主要为正值，为偏北向流。偏北向流的时间明显长于偏南向流。偏南向流的变化幅度与偏北向流的变幅度一致。前面的分析和很多研究均表明，南海东北部表层海流主要受黑潮经巴士海峡进入南海的分支的影响，表层海流 *u* 和 *v* 分量的变化受到其影响和制约。

图 7 是南海北部珠江口外海域表层海流 *u* 和 *v* 分量的候变化特征。图 7a 和 7b 分别为 *u* 分量和 *v* 分量，单位 cm/s。从图 7a 可以看到，*u* 分量只在 36 候到 40 候之间有短时间的正值，也就是说在夏季有短时间的偏东流，且偏东流的变化幅度较弱，峰值小于 5 cm/s。在全年的绝大部分时间里，表层海流 *u* 分量为负值，表层海流为偏西向，时间长度为 11 个月，且 *u* 分量的负值变化幅度大于正值的变化幅度，约为其 3～4 倍，其极值接近 20 cm/s。说明在南海北部珠江口外海域表层海流的偏西向流的维持时间和强度均远大于偏东向流。从图 7b 可以看到，*v* 分量负值主要出现在冬季、春季和秋季，南海表层海流为偏南向流。在夏季，*v* 分量主要为正值，为偏北向流。偏南向流的时间明显长于偏北向流。偏南向流的变化幅度与偏北向流的变幅度一致。但是 *v* 的变化幅度小于 *u* 的变化幅度。前面的分析和很多研究均表明，南海

北部珠江口外海域表层海流主要受到黑潮经巴士海峡进入南海的分支和季节性风的变化的影响,表层海流 u 和 v 分量的变化受到其影响和制约。

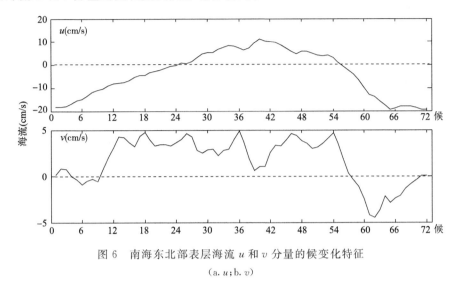

图 6　南海东北部表层海流 u 和 v 分量的候变化特征

(a. u;b. v)

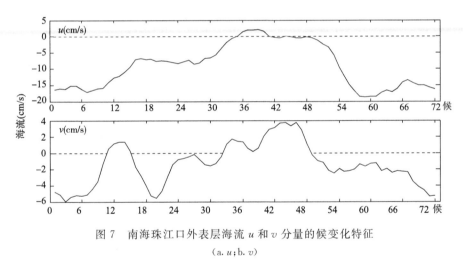

图 7　南海珠江口外表层海流 u 和 v 分量的候变化特征

(a. u;b. v)

图 8 是南海西南部海域表层海流 u 和 v 分量的候变化特征。图 8a 和 8b 分别为 u 分量和 v 分量,单位 cm/s。从图 8a 可以看到,u 分量在 24 候到 58 候之间为正值,也就是说在夏季和秋季主要为偏东流,且偏东流的变化幅度较强,峰值约为 40 cm/s。u 分量的负值变化幅度小于正值的变化幅度,约为其 1/2 倍,负值的极值接近 20 cm/s。在南海西南部海域表层海流的偏东向流的维持时间与偏西向流的维持时间相当,且偏东向流的强度大于偏西向流。从图 8b 可以看到,v 分量负值主要出现在冬季和春季,南海表层海流为偏南向流。在夏季和秋季,v 分量主要为正值,为偏北向流。偏北向流的时间略长于偏南向流。偏南向流的变化幅度略大于偏北向流的变幅度。但是 v 的变化幅度小于 u 的变化幅度。在南海西南部海域,其表层海流 u 和 v 分量的变化主要受到季节性风的影响和制约。

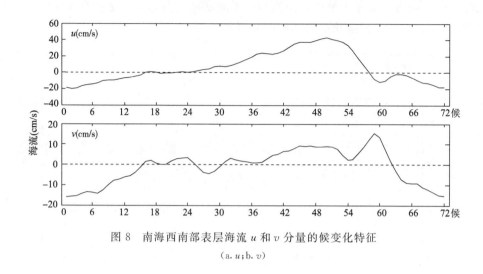

图 8　南海西南部表层海流 u 和 v 分量的候变化特征

(a. u;b. v)

4.3　流速的年际变化特征

在 4.1 和 4.2 中,我们分析了南海不同海域的表层海流流速及其 u/v 分量的逐候变化特征。下面我们进一步分析其年际变化特征,分析在不同季节,南海不同海域表层海流的年际变化特点。图 9(a、b、c)分别是南海东北部、珠江口外海域、南海西南部海域的表层海流流速在春、夏、秋、冬不同季节时的年际变化特点。

图 9a 是南海东北部海域的表层海流流速在春、夏、秋、冬不同季节时的年际变化特点。可以看到,年际变化幅度从大到小排列依次为,春季、夏季、秋季、冬季。在春季,表层海流的年际变化特征明显,其逐年的变化大于其他季节,历年的极大和极小值均出现在春季。夏季和秋季亦有较明显的年际变化特征,但其变化幅度小于春季。而在冬季,南海东北部表层海流流速的年际变化特征不明显,历年的表层海流流速维持在一个较为稳定的值。且冬季表层海流的平均值大于其他季节。图 9b 是南海北部珠江口外海域的表层海流流速在春、夏、秋、冬不同季节时的年际变化特点。可以看到,年际变化幅度,春季、夏季、秋季均有较明显的年际变化特征。夏季的均值相比其他季节最小,秋季的均值大于春季。而在冬季,南海东北部表层海流流速的年际变化特征不明显,历年的表层海流流速维持在一个较为稳定的值。且冬季表层海流的平均值亦大于其他季节。图 9c 是南海西南部海域的表层海流流速在春、夏、秋、冬时的年际变化特点。可以看到,年际变化幅度,夏季和秋季的年际变化幅度大于春季和冬季。夏季和秋季的均值亦大于春季和冬季。在夏季,表层海流的年际变化特征明显,其逐年的变化幅度明显大于其他季节,历年的极大值出现在夏季。在夏季和秋季其表层海流均值明显大于春季和冬季。春季表层海流亦有较明显年际变化特征,但其均值明显小于其他季节。而在冬季,南海西南部表层海流流速的年际变化特征不明显,历年的表层海流流速维持在一个较为稳定的值。

综合来看,在南海东北部、珠江口外海域、南海西南部海域的表层海流流速在春、夏、秋 3 个季节均有明显的年际变化特点,在冬季年际变化特征不明显。同时在不同海域极值出现的季节不同。

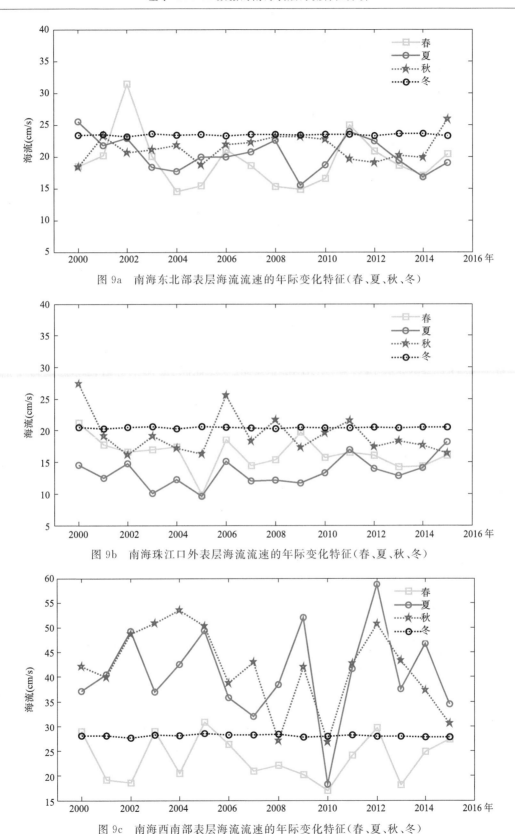

图 9a 南海东北部表层海流流速的年际变化特征（春、夏、秋、冬）

图 9b 南海珠江口外表层海流流速的年际变化特征（春、夏、秋、冬）

图 9c 南海西南部表层海流流速的年际变化特征（春、夏、秋、冬）

5　南海表层海流的流向玫瑰图

5.1　南海表层海流的流向玫瑰图

在第 4 节中,我们分析了南海表层海流流速的候变化和年变化特征。在本节中我们用玫瑰图分析一下南海表层海流的流向特征(图略)。在 1993 年 10 月到 2016 年 2 月期间,在南海东北部海域,表层海流流向主要以偏东、东北、偏北、西北、偏西、西南向为主。表层海流的极大值主要出现在偏西向的表层海流中,偏西向流占总数的 25%;南向流的表层海流出现的频率较低,且流速较小。在珠江口外海域,表层海流流向相对较为单一,主要以偏西、西南向为主,占总数的 44.8%,且表层海流的极大值也主要出现在这些方向;其他流向的表层海流出现的频率和流速均较低。在南海西南部海域,表层海流流向主要以东北、偏东、西南向为主。偏东向的表层海流占总数的 43.3%,且极值也主要出现在偏东向的表层海流中;西南向的表层海流占总数的 36.5%。其他流向的表层海流出现的频率相对较低。

5.2　南海东北部表层海流流向玫瑰图的季节变化

下面我们进一步分析 1993 年 10 月到 2016 年 2 月期间,南海不同海域表层海流流向在春、夏、秋、冬 4 个季节的季节变化特征。

图 10 是 1993 年 10 月到 2016 年 2 月期间,南海东北部海域不同季节的表层海流流向的玫瑰图。可以看到,在南海东北部海域,表层海流流向有较为明显的季节变化特点。在春季,表层海流的流向相对较为杂乱,流速小于其他季节。在夏季,表层海流转为较为一致的偏东流和东北流。在秋季,表层海流逐渐从东北向转为偏西和西南向为主。在冬季,表层海流的流向和秋季较为一致,绝大部分保持偏西和西南向的表层海流为主。综合而言,偏西和西南向的表层海流多于偏东和东北向的表层海流,流向随季节的变化而呈现季节特点。

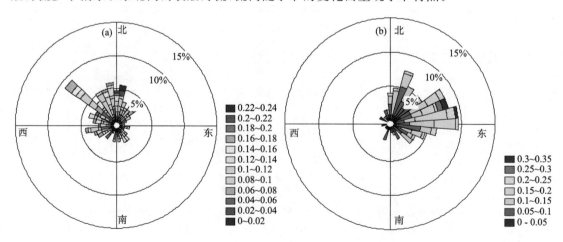

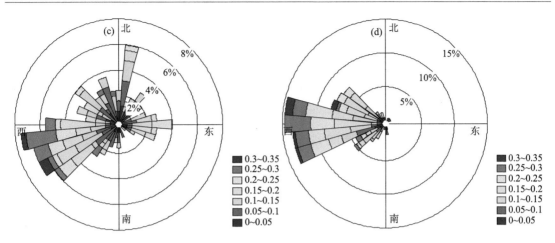

图 10　南海东北部表层海流流向玫瑰图的季节变化特征

（a. 春；b. 夏；c. 秋；d. 冬）

5.3　南海珠江口外表层海流流向玫瑰图的季节变化

图 11 是 1993 年 10 月到 2016 年 2 月期间，南海北部珠江口外海域不同季节的表层海流

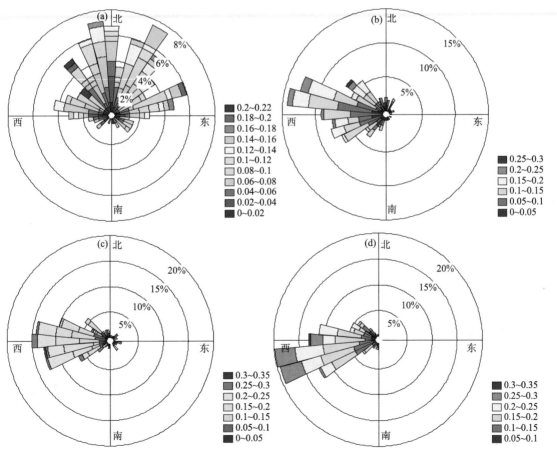

图 11　南海珠江口外表层海流流向玫瑰图的季节变化特征

（a. 春；b. 夏；c. 秋；d. 冬）

流向的玫瑰图。可以看到,在南海北部珠江口外海域,表层海流流向亦有较为明显的季节变化特点。在春季,表层海流主要为偏西向流。在夏季,表层海流流向较为杂乱,但偏北流占绝大部分的比例。在秋季,表层海流逐渐从夏季的北向转为偏西和西南向为主。在冬季,表层海流的流向和秋季较为一致,保持偏西和西南向的表层海流为主。综合而言,偏西和西南向的表层海流多于其他方向的表层海流,流向随季节变化而呈现逐渐顺转的特点。

5.4 南海西南部表层海流流向玫瑰图的季节变化

图 12 是 1993 年 10 月到 2016 年 2 月期间,南海西南部海域不同季节的表层海流流向的玫瑰图。可以看到,在南海西南部海域,表层海流流向亦有较为明显的季节变化特点。在春季,表层海流较为杂乱,各个方向的比例差不多,流速极值主要出现在偏东向和偏西向表层海流中。在夏季,表层海流流向非常一致,转为较为一致的偏东流和东北流,极值也出现在偏东流。在秋季,从夏季的一致偏东流开始出现其他方向的表层海流,但流速较弱,表层海流主要仍然表现为偏东流,流速极值也主要出现在东北流中。在冬季,表层海流的流向发生逆转,从夏秋季的东北/偏东流明显转为西南流。综合而言,东北和西南向的表层海流随着季节风场的变化而发生了明显的改变。

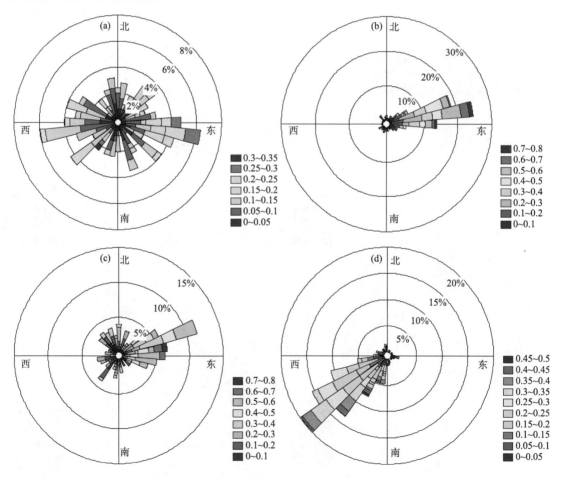

图 12 南海西南部表层海流流向玫瑰图的季节变化特征

(a. 春;b. 夏;c. 秋;d. 冬)

6　结论

本文利用海洋表层流场资料,对南海表层海流的气候平均特征、南海表层海流的逐季极值分布特征、南海表层海流的时间变化曲线和年际变化特征、南海表层海流的流向玫瑰图及其季节变化的特征进行了分析,得到以下主要结论。

(1)从南海表层海流的逐年、逐月、逐季变化来看,南海北部、中部和南部海域的表层海流的年际变化较明显,年与年之间的变化特征较为明显。在从海表层海流的逐月变化来看,南海北部、中部和南海海域的表层海流的表现出明显的逐月变化特征。在从海表层海流的逐季节变化来看,南海北部、中部和南海海域的表层海流的表现出明显的逐季节变化特征。

(2)春、夏、秋、冬 4 个季节的表层海流极值的分布特征与季节的气候平均态较为相似,南海表层海流的极值分布亦存在明显的季节变化特征,且表现出明显的冬强夏弱的季节性特点。

(3)分析了南海不同海域的表层海流流速及其 u/v 分量的逐候变化特征、年际变化特征。在不同季节,南海不同海域表层海流的呈现明显的年际变化特点。不同海域的表层海流流速在春、夏、秋、冬不同季节时的年际变化各不相同。

(4)南海不同海域在不同季节的表层海流流向的玫瑰图表明,表层海流流向亦有较为明显的季节变化特点。

参考文献

[1] 钱永甫,王谦谦,朱伯承.海底地形对南海海流、海面高度和海温影响的数值试验.热带气象学报,1999,**15**(4):289-296.

[2] 任雪娟,钱永甫,张耀存.1998 年 1—8 月南海及邻近海区海况模拟.热带气象学报,2000,**16**(2):139-147.

[3] 黄企洲,王文质,李毓湘,等.南海海流和涡旋概况.地球科学进展,1992,**7**(5):1-9.

[4] 方文东,方国洪.南海南部海洋环流研究的新进展.地球科学进展,1998,**13**(2):166-172.

[5] 李立.南海上层环流观测研究进展.台湾海峡,2002,**21**(1):114-124.

[6] 郭吉鸽,谢基平,朱江.利用 Argo 浮标轨迹推断大洋表层和中层海流.Argo 应用研究论文集,北京:海洋出版社,2006,111-127.

[7] Xie Jiping,Zhu Jiang,Xu Li,et al. Evaluation of Mid-Depth Currents of NCEP Reanalysis Data in the Tropical Pacific Using Argo Float Position Information. *Advances in Atmospheric Sciences*,2005,**22**(5):677-684.

[8] Xie Jiping,Zhu Jiang. Estimation of the Surface and Mid-Depth Currents from Argo Float in the Pacific and Error Analysis. *Journal of Marine Systems*,2008,**33**(1):61-75.

[9] Bonjean F. and Lagerloef G S E. Diagnostic Model and Analysis of the Surface Currents in the Tropical Pacific Ocean. *Journal of Physical Oceanography*,2002,**32**(10):2938-2954.

[10] 贺志刚,王东晓,陈举,等.卫星跟踪浮标和卫星遥感海面高度中的南海涡旋结构.热带海洋学报,2001,**20**(1):27-34.

[11] 王卫强,王东晓,施平,等.南海季风性海流的建立与调整.中国科学(D辑),2002,**31**(12):995-1001.

[12] 李立,吴日升,郭小刚,等.南海季节的环流-TOPEX/Poseidon 卫星测高应用研究.海洋学报,2000,**22**

　　　　(6):13-26.

[13]　李立,许金电,靖春生,等.南海海面高度、动力地形和环流的周年变化—TOPEX/Poseidon 卫星测高应用研究.中国科学(D 辑),2002,**32**(12):978-986.

[14]　苏京志,卢筠,侯一筠,等.南海表层流场的卫星跟踪浮标观测结果分析.海洋与湖沼,2002,**33**(2):121-127.

[15]　苏京志,王东晓,张人禾,等.南海 Argo 浮标观测结果初步分析.海洋与湖沼,2008,**39**(2):97-104.

[16]　刘科峰,蒋国荣,陈奕德,等.基于卫星漂流浮标的南海表层海流观测分析.热带海洋学报,2014,**33**(5):13-21.

[17]　鲍李峰,陆洋,王勇,等.利用多年卫星测高资料研究南海上层环流季节特征.地球物理学报,2005,**49**(3):543-550.

[18]　兰健,于非,鲍颖.南海南部海域的多涡旋结构.海洋科学进展,2005,**23**(4):408-413.

[19]　刘巍,张韧,王辉赞,等.基于卫星遥感资料的海洋表层流场反演与估算.地球物理学进展,2012,**27**(5):1989-1994.

中国海域 NCEP-DOE、ERA-Interim、CCMP 风场资料的初步比较与分析

张育慧　李正泉　肖晶晶

(浙江省气候中心,杭州　310000)

摘　要:本论文利用 NCEP-DOE、ERA-Interim 和 CCMP 风场数据对中国近海海域进行了对比研究,其中 CCMP 和 NCEP-DOE 两种风场资料证实,1985—2013 年期间我国海域海表面风速呈显著性上升趋势,但 ERA-Interim 风场资料并未显示出有明显的线性上升或下降趋势。并利用实测浮标数据对三种风场资料风速数据比对评价,结果显示 CCMP 风场的相关性较其他两个风场好,均值偏差和绝对误差都较小,整体来看基于 CCMP 的海面风场数据是可用的。

关键词:海表面风场;年际变化;中国海域;比较分析

1　前言

诸多观测和模拟数据表明[1],大气(对流层)和陆地海洋(表层和深层海水)的变暖,以及变暖的区域性差异,加之两极冰川冰盖的溶解和海水盐度的变化差异,已引起全球大尺度环流系统(大气、海洋、海气交换)的显著变化,进而海洋风应力和表面动量通量也发生了改变,这些改变又将反馈于气候系统,引起气候系统的进一步变化[2~9]。

在全球气候变化的大背景下,我国的海洋风场究竟发生了何种响应,这是一个值得研究的问题。因此本文以海表面风(离海面约 10m 高度)为研究切入点,比较目前国际上应用最为广泛的 3 套风场资料对我国近海海域风场的近 30 年变化特征进行探讨分析,并结合浮标观测数据进行对比分析,以便为研究中国区域海表风场选用适合的风场资料提供一定的参考和借鉴。

2　资料及其处理

2.1　资料来源

本文以 CCMP(0.25°×0.25°)、ERA-Interim(0.75°×0.75°)和 NCEP-DOE(2.5°×2.5°)3 种全球风场资料逐日 4 次资料为基础(前两者为再分析资料风场,资料长度 1985—2013 年,后者为多平台交叉验证混合风场,资料长度 1988—2011 年)。3 种风场数据均来自国际互联网数据共享网站。CCMP 风场资料来源于美国 NCAR 的 CISL 研究数据档案中心:http://rda.ucar.edu/datasets/ds744.9/index.html;ERA-Interim 风场资料来源于欧洲中期天气预报中心:http://apps.ecmwf.int/datasets/;NECP-DOE 风场资料来源于美国 NOAA 地球系统研究实验室数据档

案中心,下载地址:http://www.esrl.noaa.gov/psd/data/gridded/data.ncep.reanalysis2.html。

浮标站数据来源于海洋局,选取 2010 年 1 月和 7 月逐小时的观测值,浮标的地理位置坐标和相应的实测数据时间范围见表 1。

表 1　浮标的位置和相应的实测数据范围

ID	经度(°E)	纬度(°N)	时间范围(年.月)
22104	121.00—121.10	38.00—38.20	2010.1,2010.7
22205	122.00—122.50	27.00—27.50	2010.1,2010.7
22207	124.00	29.00	2010.1,2010.7
QF301	115.59	22.28	2010.1,2010.7
QF303	112.63—113.40	21.12—22.00	2010.1,2010.7

2.2　数据处理

使用 MATLAB 语言编程,对下载的全球表面风场资料数据进行区域切割、滤值除噪、缺失插补等预处理。处理范围为:东经 104.5°—133.5°,北纬 2.5°—41.0°,包含我国全部海域。

浮标观测的海风高度为 5 m,数据每小时记录一次,资料时间为 2010 年 1 月和 7 月,其中部分时段因仪器故障或没有观测等原因没有获得观测数据。挑选 3 种风场与浮标资料在时间上匹配的一天四个时次的数据,剔除浮标站缺测数据。但是由于浮标站点受到海流等的影响,经纬度在一定范围内变动,因此本文对三种风场资料进行克里金插值进行处理,使其空间经纬度与各个时次浮标站点经纬度进行匹配。最终得到 22104 站 156 组,22205 站 112 组,22207站 183 组,QF301 站 198 组,QF303 站 196 组。

浮标站点观测的风速高度为 5 m,而三种风场资料产品是 10 m 高度风场,大量研究[10,11]指出,近海面风速随高度的分布基本呈现对数规律,同时受到大气稳定度以及下垫面粗糙度的共同影响。由于海面粗糙度是随着风场而变化的,并不是一个常数,参考海面海浪花高度为界,即 7 m/s 风速,分为两个档次。

$$U_{10} = k_z U_z, \tag{1}$$

$$k_z = \frac{\ln(10/z_0)}{\ln(z/z_0)}, \tag{2}$$

其中,k_z 为风速的高度换算系数,z 则为任意高度,当风速值大于 7 m/s 时,$z_0 = 0.022$;当风速小于等于 7 m/s 时,$z_0 = 0.0023$。因此将浮标 5 m 高度风速转换为 10 m 高度风速,则可以利用式(3)进行换算:

$$U_{10} = U_5 \frac{\ln(10/z_0)}{\ln(5/z_0)}, \tag{3}$$

上式中,U_5 为浮标风速,当 $U_5 > 7$ m/s 时,$z_0 = 0.022$,计算 10 m 高度的浮标站风速;当 $u_5 \leqslant 7$ m/s 时,$z_0 = 0.0023$,计算 10 m 高度的浮标站风速。

3　风场的比较

3.1　年际变化比较

将 3 组风场数据在我国海域范围内的逐 4 小时风速数据按年份进行平均,分析近 30 年间我国海域海表面风速的年际变化特征,见图(1)。

从图 1 中可清楚地看出:三种风场资料的风速年际变化总趋势基本相似,各年份风速上升或风速下降的步调能够保持一致,不同之处在于它们的上升或下降幅度各异。总的说来:在 1988—1998 这 11 年间,三种风场资料的风速变化大体一致,都表现为 1988—1992 年风速呈现缓慢减小的趋势,从 1993 年到 1996 年风速逐渐增大,在这个波动过程中,风速的变化较小,波动幅度在 0.5 m/s 之间;同时可发现,三种风场资料在 1988—1998 年期间,NCEP-DOE 风场的风速值最大,ERA-Interim 次之,CCMP 风场的风速值最小,三个风场资料之间差值大约在 0.2 m/s 左右;但是,从 1999 年开始,三种风场的风速变化幅度就开始出现了较大差异,NCEP-DOE 风场风速呈现缓慢上升的态势,而 ERA-Interim 风场仍然保持 1988—1998 年期间的变化形态,没有较大的波动,变化最为平稳,CCMP 风场风速则在 1999 年突然剧增,且随后年份的其风速值均超过了 ERA-Interim 风场,基本与 NCEP-DOE 风场风速值持平。

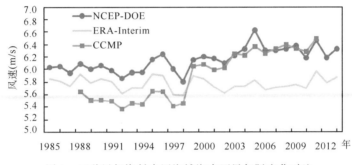

图 1　三种风场资料中国海域海表面风年际变化对比

从 CCMP、ERA-Interim 和 NCEP-DOE 三种风场我国海表年平均风速的变异性分析(见表 2)来看:三种风场中,ERA-Interim 风场的年平均风速值最小,各年份的风速值都较为接近(标准差仅为 0.10 m/s),年平均风速的变异系数仅为 0.017,其风速年际变化在三种风场中其波动最小;NCEP-DOE 风场的年平均风速值较 ERA-Interim 和 CCMP 风场偏大,其标准差为 0.18 m/s,比 ERA-Interim 的标准差大,参考其变异系数可以分析出,NCEP-DOE 风场的年风速变异较 ERA-Interim 更为明显。CCMP 风场的年平均风速虽介于 NCEP-DOE 风场和 ERA-Interim 风场之间,但其标准差最大。CCMP 风场年平均风速的变异系数约是 NCEP-DOE 风场的 5.7 倍、ERA-Interim 风场的 10 倍,由此可得出 CCMP 风场年平均风速的变化相比 NCEP-DOE 和 ERA-Interim 两风场而言,其变化程度最为剧烈。

表 2　CCMP、ERA-Interim 和 NCEP-DOE 风场年平均风速的变异性分析

风场资料	平均值(m/s)	标准差(m/s)	变异系数
NCEP-DOE	6.15	0.18	0.029
ERA-Interim	5.77	0.10	0.017
CCMP	5.90	0.98	0.166

再从 1988—2011 年全时段及分时段(1988—1998 年和 1999—2011 年)三种风场风速年变化的线性趋势检验分析(见表 3):在 1988—2011 年期间,NCEP-DOE 和 CCMP 两风场的风速均呈现显著性的线性增加趋势,但 CCMP 风场风速的增加速率是 NCEP-DOE 风场的 3 倍

之多,而 ERA-Interim 风场风速并未有显著性的增加或降低趋势。分时段分析,1988—1998
年期间,三种风场资料均表征我国海域海表面年平均风速没有明显上升或下降趋势;但 1999
年以后,CCMP 风场资料表征我国海表面风呈显著性的线性递增趋势,NCEP-DOE 风场资料
也显示出我国海表面风呈略增加趋势(但未能通过 95% 的信度检验),而 ERA-Interim 风场资
料则表现为该期间无明显风速上升。

表 3　三种风场资料各时间段的相关系数和线性拟合方程

风场资料	r(所有年份)	线性拟合方程(所有年份)
NCEP-DOE(1985—2013 年)	$r=0.71*$	$y=0.015x-24.53*$
ERA-Interim(1985—2013 年)	$r=0.08$	$y=-0.0001x+5.783$
CCMP(1988—2011 年)	$r=0.91*$	$y=0.050x-94.42*$
NCEP-DOE(1985—1998 年)	$r=0.08$	$y=-0.002x+6.026$
ERA-Interim(1985—1998 年)	$r=0.42$	$y=-0.011x+5.858$
CCMP(1988—1998 年)	$r=0.16$	$y=-0.004x+5.534$
NCEP-DOE(1999—2013 年)	$r=0.35$	$y=0.010x+6.197$
ERA-Interim(1999—2013 年)	$r=0.16$	$y=0.003x+5.741$
CCMP(1999—2011 年)	$r=0.87*$	$y=0.034x+5.992*$

其中,* 表示通过了 $\alpha=0.01$ 的信度检验

3.2　CCMP、ERA-Interim、NCEP-DOE 与实测风场的对比

通过上述分析,分析了三种风场资料的变化趋势,为了进一步评价三种风场所测风场数据
的准确性,利用浮标数据来与三种风场资料进行对比分析。

5 个浮标站分布在我国各海域,南北跨度约为 17°,东西跨度约为 11°,分布于我国海域北
部、东部以及南部。采用平均偏差、平均绝对偏差、均方根偏差和相关系数等统计指标对浮标
站实测风资料与 CCMP、ERA-Interim 和 NCEP-DOE 风场数据进行比对分析,结果见表 4。

从表 4 中可以看出,CCMP 风场和 ERA-Interim 风场的风速较实测风速偏小。CCMP 风
场风速偏小 0.11～1.69 m/s,平均绝对偏差在 1.70～2.43 m/s 之间,均方根偏差在 2.10～
2.97 m/s,相关系数在 0.70～0.88 之间。ERA-Interim 风场风速偏小 0.7～2.447 m/s 之间,
平均绝对偏差在 2.11～3.06 m/s 之间,均方根偏差在 2.70～3.73 m/s,相关系数在 0.57～
0.80 之间。NCEP-DOE 风场与 22104、22205、22207 和 QF301 四个站点实测风速进行对比,
风速较实测值偏小 0.18～2.69 m/s,而与 QF303 风速对比后发现,NCEP-DOE 风速较实测风
速偏大 0.81 m/s。NCEP-DOE 平均绝对偏差在 2.30～3.48 m/s 之间,均方根偏差在 2.90～
4.34 m/s,相关系数在 0.34～0.68 之间。

表 4　CCMP、ERA-Interim、NCEP-DOE 风场与浮标站风速偏差统计　　　　单位:m/s

ID	CCMP				ERA-Interim				NCEP-DOE			
	平均偏差	绝对偏差	均方根偏差	相关系数	平均偏差	绝对偏差	均方根偏差	相关系数	平均偏差	绝对偏差	均方根偏差	相关系数
22104	−0.47	1.86	2.57	0.71	−0.70	2.09	2.70	0.64	−0.26	2.71	3.45	0.34
22205	−1.77	2.31	2.74	0.78	−2.42	2.95	3.55	0.63	−2.78	3.36	4.13	0.51
22207	−0.59	1.86	2.40	0.70	−1.01	2.19	2.48	0.69	−0.18	2.19	2.90	0.59

续表

ID	CCMP				ERA-Interim				NCEP-DOE			
	平均偏差	绝对偏差	均方根偏差	相关系数	平均偏差	绝对偏差	均方根偏差	相关系数	平均偏差	绝对偏差	均方根偏差	相关系数
QF301	−1.22	1.74	2.13	0.87	−2.44	2.70	3.29	0.79	−1.23	2.30	2.80	0.68
QF303	−0.11	1.70	2.10	0.88	−0.88	2.11	2.73	0.80	0.81	2.89	3.79	0.43
总计	−0.76	1.86	2.36	0.80	−1.45	2.34	2.94	0.72	−0.56	2.64	3.39	0.50

将 5 个站点综合进行分析,可以发现,浮标实测风速要大于 CCMP、ERA-Interim 和 NCEP-DOE 风场数据。其中 NCEP-DOE 的平均偏差最小,为 −0.56,CCMP 的绝对偏差最小,为 1.86,较 ERA-Interim 和 NCEP-DOE 分别小 0.48 和 0.78。比较三个风场的均方根偏差可以看出,CCMP 的均方根偏差也最小。将三种风场数据和浮标站实测风速进行相关,可以得到,CCMP 的相关系数为 0.80,ERA-Interim 的相关系数为 0.72,而 NCEP-DOE 的相关系数仅为 0.50。因此,CCMP 较 ERA-Interim 和 NCEP-DOE 对我国海域风速的相关性最好,可以作为较长年份的连续性资料对我国海域风场进行分析。

4　结论

通过比较分析 CCMP 风场资料 1988—2011 年、ERA-Interim 风场资料 1985—2013 年和 NCEP-DOE 风场资料 1985—2013 年我国海域的各年年平均海表风速的年际变化,获得以下几点结论:

(1)CCMP 和 NCEP-DOE 两种风场资料证实,近几十年我国海域海表面风速呈显著性上升趋势,但 ERA-Interim 风场资料并未显示出这一趋势。1985—2013 年期间,NCEP-DOE 风场资料显示我国海表面风整体以每年 0.015 m/s 的速率线性递增,CCMP 风场资料显示 1988—2011 年期间,我国海表面风速整体以每年 0.050 m/s 的速率线性递增。

(2)利用浮标资料与三种风场资料进行对比分析得出,浮标实测风速要大于 CCMP、ERA-Interim 和 NCEP-DOE 风场数据。其中 NCEP-DOE 的平均偏差最小,CCMP 的绝对偏差最小,CCMP 的均方根偏差也最小。三种风场数据和浮标站实测风速的相关系数分别为 0.80,0.72,0.50。因此,CCMP 较 ERA-Interim 和 NCEP-DOE 对我国海域风速的相关性最好,更接近于观测值,可以作为较长年份的连续性资料对我国海域风场进行分析。

参考文献

[1] IPCC. Climate change 2013:the physical science basis[M/OL]. Cambridge:Cambrige University Press,2014[2013-09-30]. http://www. IPCC. ch/report/ar5/wg1.

[2] McManus J F,Francols R,Gherardi J M,et al. Collapse and rapid resumption of Atlantic Meridional Circulation linked to deglacial climate changes. *Nature*,2004,**428**:834-837.

[3] Yin J H. A consistent poleward shift of the storm tacksin simulations of 21st century climate. *Geophys. Res. Lett.*,2005,**32**:l18701,doi:10.1029/2005GL023684.

[4] Landsea C,Holland G,Lighthill J,et al. Tropical cyclones and global climate change:A post-IPCC assess-

ment. *Bull. Amer. Meteor. Soc.* ,1998,**79**:19-38.

[5] Landsea C,Anderson C,Charles N,et al. The Atlantic hurricane database re-analysis project:Documenta-tion for the 1851-1910 alterations and additions to the HURDAT database//Murname R J,Liu K B. Hur-ricanes and Typhoons:Past,Present and Future. Columbia University Press,2004,177-221.

[6] Landsea C. Hurricanes and global warming. *Nature*,2005,**438**:688,doi:10. 1038/nature.

[7] Landsea C,Harper B,Hoarau K,et al. Can we detect trends in extreme tropical cyclones? *Science*,2006,**313**:452-454.

[8] Swart N C,and Fyfe J C. Observed and simulated changes in the Southern Hemisphere surface westerly wind-stress. *Geophys. Res. Lett.* ,2012,**39**:L16711.

[9] Li Ming,Liu Jiping,Wang Zhenzhan,Wang Hui,Zhang Zhanhai,Zhang Lin,Yang Qinghua. Assessment of Sea Surface Wind from NWP Reanalyses and Satellites in the Southern Ocean. *Journal of Atmospheric and Oceanic Technology*,2013,**30**:1842-1853.

[10] 徐天真,徐静琦,楼顺里. 海风面垂直分布的计算方法. 海洋湖沼通报,1988,(4):1-6.

[11] 谢小萍,魏建苏,黄亮. ASCAT 近岸风场产品与近岸浮标观测风场对比. 应用气象学报,2014,**25**(4):445-452.

第二部分
卫星资料在环境和灾害监测中的应用

多源卫星遥感数据在黄海浒苔
动态监测业务中的应用

李　峰[1]　谢　磊[2]　赵　红[1]　王　昊[1]　秦　泉[1]

(1. 山东省气候中心,济南 250031;2. 山东省临朐县气象局,临朐 262600)

摘　要: 本文以 MODIS 和 FY-3 卫星影像为主要数据源,GF-1 等高分辨率卫星影像为辅助数据源,根据黄海浒苔生长和光谱特性,建立基于极轨气象卫星的浒苔和海温提取技术方法,开展 2015 年黄海浒苔和海温动态监测。结果表明:利用基于 MODIS 的浒苔提取模型可以实现浒苔信息快速提取,并在 GIS 支持下,生成浒苔监测产品。同时,基于 FY-3 的海温监测结果对浒苔的发展强度变化有很好的指示作用。黄海浒苔在海温达到 25℃ 以上时,生长环境就会被迅速破坏并逐渐消失。此外,GF-1 等高分辨率卫星影像可以在很大程度上弥补在海上缺少常规浒苔观测站点,无法进行星地同步验证的问题。

关键词: 黄海浒苔;卫星遥感;海温;高分一号

1　前言

　　浒苔俗称绿藻,藻体本身无毒性,可以食用。我国沿海均有出产,但东海沿岸产量最大,夏季产量较高。浒苔虽然无毒,但是大规模爆发也会形成灾害性的后果。和赤潮一样,大量繁殖的浒苔也能遮蔽阳光,影响海底藻类的生长;而且死亡的浒苔也会消耗海水中的氧气。浒苔爆发还会严重影响景观,干扰旅游观光和水上运动的进行。所以,现在国内外已经把浒苔一类的大型绿藻爆发称为"绿潮",视作和赤潮一样的海洋灾害。尤其是 2008 年以来,浒苔几乎每年 5—7 月期间,都会严重影响山东南部沿海各地市,给当地的经济和生活带来严重的影响[1~3]。

　　目前浒苔监测主要利用海上观测站,船舶,航拍、雷达、卫星遥感等多种方法。但由于海上缺乏监测站点,加上浒苔源源不断涌入,范围分布广,仅通过少量的船舶资料很难掌握茫茫大海上浒苔分布范围及其变化的客观情况,对浒苔捕捞工作不利。通过飞机实地航测不但成本高,同时在数万平方千米海域内的航拍将带来很大工作量,效率相对低下。因此,具有宽广视野的卫星遥感资料在浒苔监测中发挥了重要作用,尤其是极轨气象卫星和高分一号卫星,扫描范围大,观测频次较密,具有对浒苔光谱信息敏感的波段,在监测浒苔动态变化,调查浒苔分布状况,分析浒苔来源及移动路径,指导海上和近海沿岸打捞作业中可起到重要作用,因而成为浒苔打捞期间非常重要的信息源[4,5]。

　　2008 年后国内许多研究学者已利用极轨卫星数据在浒苔监测方面开展了相关的研究,取得较好效果。曾韬等[6]基于浒苔光谱特性,利用北京一号小卫星数据,采用遥感图像自动分类处理,结合 GIS 系统有效提取出了青岛近海浒苔,并进行了精度验证。钟山等[7]利用 MODIS 数据对浒苔信息进行了提取,并对浒苔面积提取中的误差进行了分析研究。顾行发等[8]利用多源卫星数据,建立了浒苔信息提取模型。李三妹等[9]通过对浒苔光谱特性的分析,建立了基于极轨气象卫星和环境卫星资料监测浒苔的模型技术方法,并对 2006—2008 年期间的黄海浒苔进行了动态监测和分析,取得较好的服务效果。丁一等[10]建立基于 MODIS NDVI 与浒苔像元丰度关系的浒苔信息提取模型,从而提高了整景影像浒苔覆盖面积提取精度。

山东省气象局自 2008 年奥帆赛以来,一直利用自主开发的业务系统严密监测浒苔发生、发展状况。在 2008 年的青岛奥帆赛和 2012 年的海阳亚沙会期间,均利用 FY-3/MERSI 和 EOS/MODIS 卫星遥感数据对黄海浒苔的发生发展状况进行了实时监测,并将监测结果及时传递给决策部门,为有关部门采取科学的浒苔防治措施提供了重要参考依据。本文以 MODIS 和 FY-3 影像为主要数据源,GF-1 等高分辨率卫星影像为辅助数据源,基于浒苔生长和光谱特性,探讨建立简单易行的黄海浒苔动态监测业务方法。

2　资料与方法

2.1　FY-3 和 MODIS 卫星数据获取及处理

本研究使用的 FY-3 和 MODIS 卫星数据均来源于山东气象局极轨卫星接收站。通过中国气象局通过星地通公司开发的处理软件,实现 FY-3 和 MODIS 原始卫星数据的多通道辐射定标、太阳高度角订正、定位、投影转换和裁切等预处理工作,生成 .ld3 格式的局地投影文件。

2.2　GF-1 卫星数据获取及处理

2013 年 4 月 26 日发射的高分一号(GF-1)卫星搭载了两台 2 m 分辨率全色/8 m 分辨率多光谱相机,四台 16 m 分辨率多光谱相机。高分一号卫星具有高、中空间分辨率对地观测和大幅宽成像结合的特点,2 m 分辨率全色和 8 m 分辨率多光谱图像组合幅宽优于 60 km,16 m 分辨率多光谱图像组合幅宽优于 800 km,为国际同类卫星观测幅宽的最高水平,从而大幅提升观测能力,并对大尺度地表观测和环境监测具有独特优势。本研究使用的 GF-1 遥感影像从中国资源卫星应用中心下载获得,其中 GF-1/WFV-16 m 传感器具体波段设置见表 1。利用 ENVI 软件对 GF-1/WFV-16 m 数据进行真彩色合成后就可以直接应用于浒苔监测业务服务。

表 1　GF-1/WFV-16 m 影像光谱特征及其应用领域

波段名称	光谱范围(μm)	主要应用领域
蓝波段	0.45—0.52	水体
绿波段	0.52—0.59	植被
红波段	0.63—0.69	叶绿素、水中悬浮泥沙、陆地
近红外波段	0.77—0.89	植被识别、水陆边界、土壤湿度

2.3　浒苔和海温卫星遥感监测方法

利用卫星资料监测浒苔的原理主要是利用地物对不同光谱反应的差异,对于同一种下垫面物体而言,不同光谱反应不同,而同一波段的光谱,对不同下垫面物体的反应也不同。从前人研究的成果来看,可以利用浒苔水体在可见光波段和近红外波段的光谱特性差异来建立监测模型,实现浒苔信息的有效提取。可见光波段和近红外波段的光谱特性差异常用归一化植被指数 NDVI 来表示[9]。

为了利用 EOS/MODIS 250 m 分辨率卫星数据监测浒苔,可直接选用 1,2 通道的数据来反演浒苔的分布情况。在反演过程中,首先利用卫星数据判断水体和陆地,再根据这两个通道的遥感数据利用 NDVI 进行浒苔识别,以区分浒苔、海水和陆地,最后利用彩色图像合成原理生成反映浒苔分布监测图。

海温也是判断浒苔的一个非常重要的指标,温度对浒苔生长的影响较大。现有研究表明,在温度为 10～30℃ 的海水中,浒苔能保持正常生长,最适合的生长温度为 15～25℃,海温超过 25℃,浒苔的生长环境就会被破坏并逐渐消失。本研究基于 FY-3B/VIRR 卫星数据开展黄海区域海温监测。与浒苔提取一样,首先进行海陆分离,再利用通道 4 和通道 5,根据公式(1)进行海温计算,最后生成海温分布监测图。

$$T = 3.64 \cdot B_4 - 2.66 \cdot B_5 - 266.3 \tag{1}$$

式(1)中 T 为海温(℃),B_4 和 B_5 分别为 FY-3B/VIRR 通道 4 和通道 5 的值。

3　结果与分析

基于 MODIS 数据建立的浒苔信息提取模型和基于 FY-3 VIRR 数据建立的海温反演模型,同时结合 GF-1/WFV-16 m 数据,对 2015 年 5 月—7 月黄海海域浒苔的发生和发展全过程进行浒苔、海温信息提取和动态分析(图 1 和图 2)。监测结果表明:从变化过程来看,浒苔首次出现在 5 月 20 日左右,此时浒苔分布范围很小,影响面积仅为 190 km² (图 1a)。浒苔分布核心区的海温在 17～18℃ 左右(图 2a),根据浒苔生长特性,非常适合浒苔繁殖生长。因此到 5 月 25 日,浒苔分布范围略有扩大,影响面积为 280 平方公里(图 1b)。此时浒苔核心区海温在 18～19℃ 左右(图 2b),海温仍适合浒苔的快速繁殖。6 月 6 日,浒苔核心区的海温在 20～21℃ 左右(图 2c),浒苔分布范围继续扩大,面积已发展到 700 km² (图 1c),但离山东沿海仍有一定距离。6 月 22 日,核心区的海温在 23℃ 左右(图 2d),浒苔范围已明显扩大,面积也猛增到 2700 平方公里,影响了黄海大片海域,部分浒苔已经到达烟台和威海一带(图 1d)。通过 7 月 4 日 GF-1/WFV-16 m 数据可以清楚地看出,浒苔多呈丝缕状和斑块状分布(图 3)。7 月 4 日,浒苔分布核心区的海温在 23～24℃ 左右(图 2e),浒苔分布范围持续扩大,影响面积达 2900 km²,部分浒苔已经到达胶州湾一带(图 1e)。但在部分浒苔已登岸和海温持续升高的共同作用下,浒苔实际覆盖面积和强度已较 6 月 22 日有明显减少。7 月 25 日,黄海大部地区的海温都已在 25℃ 以上(图 2f),达到浒苔的"死亡温度",持续的高温破坏了浒苔的生长环境,所以在 7 月 25 日,山东黄海海域已基本无浒苔分布(图 1f)。

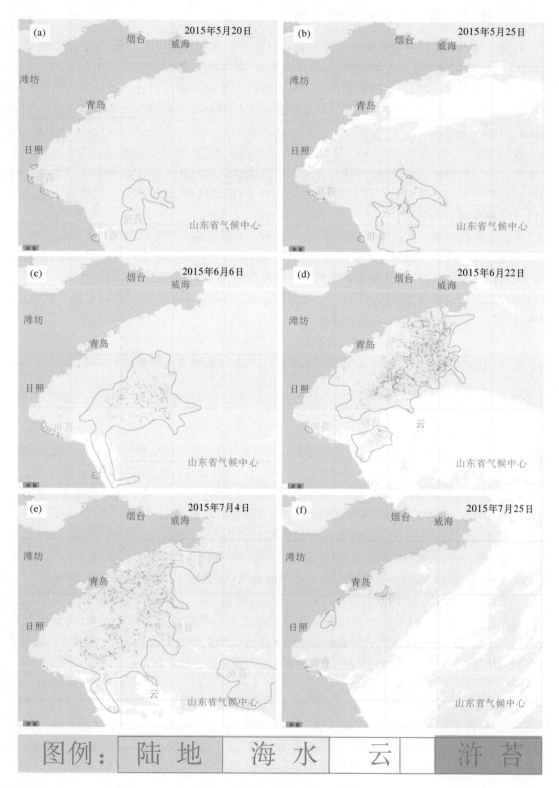

图 1　黄海浒苔遥感动态监测图

　　综上所述,浒苔和海温卫星遥感监测结果有较好的相关性。前期浒苔面积随着海温的增长面积逐渐增大,但当海温达到 24℃ 左右时,浒苔面积则会随着海温的增长而快速减少。当海温达到 25℃ 以上时,浒苔则基本消失。因此海温的变化对于浒苔的发生发展有很好的指示作用,在日常业务中可以作为一种有效的浒苔监测手段。同时,充分利用 GF-1/WFV-16 m 数据相比于其他高分辨率卫星数据,在影像幅宽、空间和时间分辨率上的综合优势,可以更客观和准确地了解浒苔的精确位置以及发展情况,并能在很大程度上弥补海上缺少常规浒苔观测站点,无法进行星地同步验证的问题。

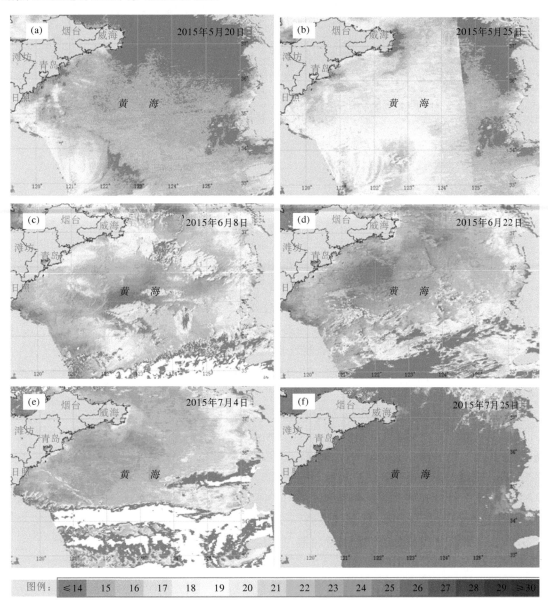

图 2　黄海海温遥感动态监测图

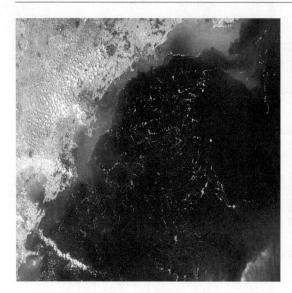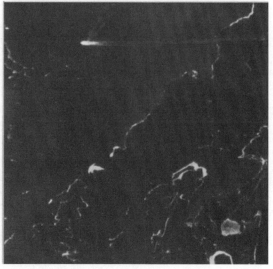

图 3　基于 GF-1 的浒苔遥感监测及局部放大图

4　结论和讨论

本文利用 MODIS、FY-3 和 GF-1 多源卫星遥感影像,建立了黄海浒苔和海温提取模型,并开展了 2015 年 5—7 月期间的黄海浒苔和海温分布动态监测,得到以下主要结论:

(1)浒苔在光谱特征上与绿色植被较为一致,与海水区分明显,通过卫星可见光和近红外通道,结合归一化植被指数,可以实现浒苔的快速监测。

(2)海温的变化对于浒苔的发生发展强度有很好的指示作用,在日常业务中可以作为一种有效的浒苔监测手段。通过卫星遥感监测发现,黄海浒苔最适宜的生长温度为 16~25℃,当海温达到 25℃以上时,浒苔则基本消失,这与前人得到的结果基本一致。

(3)GF-1 等高分辨率卫星数据可以作为海洋调查资料的有效补充,以减少海洋调查人力和物力的投入,有效地解决星地同步验证的问题,进一步提高海洋生态卫星遥感监测精度。

MODIS 和 FY-3 气象卫星和 GF-1 等高分辨率卫星数据以其扫描范围大和时间观测能力高,有着其他监测手段无法比拟的优势。此次通过对浒苔光谱特性分析建立了黄海浒苔监测模型,基于监测模型实现浒苔信息提取,并制作浒苔监测产品,在浒苔实际打捞应用中发挥了重要作用,也为今后开展浒苔等各类海藻的卫星遥感监测应用打下良好基础。此外,在加强浒苔和海温监测的同时,还可以结合气象海洋温度等预报产品,对浒苔未来的发展状况给出预测,制作更加具有气象特色的浒苔遥感监测产品。

参考文献

[1]　丁兰平,栾日孝.浒苔(*Enteromorpha prolifera*)的分类鉴定、生境习性及分布.海洋与湖沼.2009.**40**(1):68-70.

[2]　梁宗英,林像志,马牧,等.浒苔漂流聚集绿潮现象的初步分析.中国海洋大学学报.2008.**38**(4):

602-604.

[3] 忻丁豪,任松,何培民,等.黄海海域浒苔属(*Enteromorpha*)生态特征初探.海洋环境科学.2009.**28**(2):190-192.

[4] 吴洪喜,徐爱光,吴美宁.浒苔实验生态的初步研究.浙江海洋学院学报(自然科学版).2000.**19**(3):230-234.

[5] 叶乃好,张晓雯,毛玉泽,等.黄海绿潮浒苔(*Enteromorpha prolifera*)生活史的初步研究.中国水产科学.2008.**15**(5):854-856.

[6] 曾韬,刘建强."北京一号"小卫星在青岛近海浒苔灾害监测中的应用.遥感应用.2009.(3):34-37.

[7] 钟山,丁一,李振,等.MODIS浒苔遥感监测误差分析研究.遥感信息.2013.**28**(1):38-42.

[8] 顾行发,陈兴峰,尹球,等.黄海浒苔灾害遥感立体监测.光谱学与光谱分析.2011.**31**(6):1627-1632.

[9] 李三妹,李亚君,董海鹰,等.浅析卫星遥感在黄海浒苔监测中的应用.应用气象学报.2010.**21**(1):76-82.

[10] 丁一,黄娟,崔延伟,等.基于NDVI与丰度关系的MODIS影像浒苔混合像元分解方法.海洋学报.2015.**37**(7):123-131.

基于地面和卫星观测的江苏地区污染物分布特征及其轨迹预报模型[*]

王宏斌[1]　徐　萌[1]　张志薇[2]　焦圣明[1]

(1. 中国气象局交通气象重点实验室,江苏省气象科学研究所,南京 210009;

2. 江苏省气象服务中心,南京 210008)

摘　要:利用地面污染物浓度和多源卫星遥感资料对江苏及其周边地区污染物分布特征进行了分析。结果表明:(1)13 个市均为冬季污染最重,春季次之,夏秋季较小。冬季 $PM_{2.5}$ 质量浓度及其变化幅度均较大,为夏季的 2 倍。13 个市中南京市 $PM_{2.5}$ 质量浓度年均值最高,为 75.7 $\mu g/m^3$;盐城最低,为 62.3 $\mu g/m^3$,但仍超过国家二级标准近 1 倍。各市 $PM_{2.5}$ 质量浓度全年和各季节平均日变化多表现为"双峰型"(2)选用 2002—2014 年 MODIS 3 km 分辨率 C6 气溶胶产品,进行网格化形成 $0.1°\times0.1°$ 网格数据。利用 OMI 数据,计算吸收性气溶胶指数,形成 $0.25°\times0.25°$ 网格数据。基于以上卫星资料,同时结合地面污染物浓度资料构建了多源的气溶胶观测数据资料库。(3)利用前向轨迹模式建立了气溶胶轨迹预报系统,进行未来 24 小时气溶胶轨迹预报。

关键词:卫星遥感;轨迹模型;大气污染;MODIS OMI

1　前言

大气气溶胶是指悬浮在大气中直径为 $0.001\sim100$ μm 的各种固体和液体微粒与气体载体组成的多相体。近年来,日益加剧的人类活动增加了气溶胶粒子的排放,其数量越来越多,种类越来越复杂,造成我国特别是长江三角洲、京津冀等地区大范围持续性霾天气频发。气溶胶作为大气的重要组成成分,通过直接效应[1,2]、间接效应[3~6]和半直接效应[7~12]影响区域和全球地气系统的辐射收支平衡。除此,气溶胶对环境和人体健康有重要影响,如严重降低能见度[13]、对人体肺功能造成损伤等[14,15]。由于气溶胶是由不同形状、谱分布、化学组成和光学性质的物质构成的,同时它们浓度的时空变化可达几个数量级且其时空变化的观测资料较少,所以其气候和环境效应的评估非常困难[16]。

江苏是我国经济发展最快的地区之一,其城市化和工业化的步伐走在我国前列,同时也是我国大气气溶胶浓度的高值区,近年来该地区大范围持续性霾天气频发[17,18],使其成为霾的"重灾区",且该地区气溶胶类型多样。同时,江苏位于亚洲季风的影响区,气溶胶的复杂性对亚洲季风也有显著影响[19]。

由于气溶胶粒子的生命周期较短,且其浓度具有较大的时空变化,地基站点不可能准确评估气溶胶对全球大气辐射收支的影响。因此,利用卫星探测全球气溶胶辐射特性及空间分布

* 资助项目:北极阁基金(BJG201505)和江苏省自然科学基金(BK20161073)资助。

具有至关重要的意义,已成为气溶胶研究不可替代的手段。MODIS、OMI 以及 CALIPSO 星载激光雷达、FY-3 等卫星观测资料被用于空气质量预报及对天气、气候的影响研究中。

2　数据介绍

　　文中用到的污染物浓度观测资料为环境监测中心观测的污染物 6 要素小时数据,主要用到的是 PM$_{2.5}$ 的小时数据。

　　MODIS 气溶胶反演算法已经经历了 20 多年的发展,数据精度在不断提高。10 km 分辨率产品用来获得全球的气溶胶分布是合理的,但是 10 km 分辨率的气溶胶产品不足以揭示气溶胶分布的局地变化,特别是在人口密集的城市及其周边地区。Levy 等[20] 进一步发展了 MODIS 气溶胶反演算法,形成了 3 km 分辨率的 Collection 6(C6)气溶胶产品,文中用到的为 MO/YD04_3K 的 L2 数据。

　　利用臭氧监测仪 OMI 紫外波段辐射观测资料构建吸收性气溶胶指数(AAI, Absorbing Aerosol Index)来识别吸收性气溶胶,AAI 通过下式计算:

$$AAI = -100\log\{[I_{\lambda 1}/I_{\lambda 2}]_{meas}\} + 100\log\{[I_{\lambda 1}(A_{LER_{\lambda 1}})/I_{\lambda 2}(A_{LER_{\lambda 2}})]_{calc}\}$$

3　地面污染物浓度特征分析

3.1　PM$_{2.5}$质量浓度年变化特征

　　利用江苏省 13 个地级市小时 PM$_{2.5}$ 质量浓度污染资料,对比分析各市污染特征及差异。图 1 是南京市 2013 年和 2014 年 PM$_{2.5}$ 质量浓度时间序列图(左)和年变化图(右)。左图中灰色圆圈是小时质量浓度数据,红色线条是日平均数据,不同颜色横线代表不同污染等级(优、良、轻度污染、中度污染、重度污染、严重污染)界限;右图箱须图中箱体中间横线代表中分位数,上下横线分别代表 75% 和 25% 分位数,上下须分别代表最大值和最小值,如若最大值超过 1.5×(75% 分位数—中分位数),则上须代表 1.5×(75% 分位数—中分位数),同时大于 1.5×(75% 分位数—中分位数)的数据点以红色圆圈在图中标出。

　　由图 1 可见,南京市 PM$_{2.5}$ 污染在冬季较为严重,夏秋季污染较轻,其中两年月均值最大值均出现在 12 月和 1 月,分别为 158.2±80.8 μg/m³ 和 128.5±68.6 μg/m³,主要是由于冬季大气层结较稳定,多处于静稳状态,边界层高度较低,使得污染物在边界层内聚集且不容易扩散,从而使的污染物浓度较大;从 1 月份污染物浓度开始减小,到 7 月或 8 月达到最小值,2013 年最小值出现在 7 月(32.4±18.6 μg/m³),2014 年最小值出现在 8 月(42.8±19.8 μg/m³),主要是因为夏季边界层高度较高,同时降水较多,湿沉降作用较明显,同时 2013 年亚青会和 2014 年青奥会期间的污染减排措施也是 8 月污染较轻的原因之一。同时注意到在 5 月和 6 月有一个小的峰值存在,同时可以看到 5 月和 6 月出现较严重污染(有图中的红色圆圈)的时数较多,这可能是由于秸秆焚烧导致了某一时段出现了重度污染。从 9 月到 12 月,月均污染浓度不断增大。污染较重时,污染物浓度变化幅度也较大。

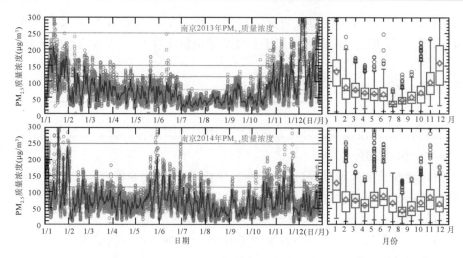

图1　南京市2013年和2014年PM$_{2.5}$质量浓度时间序列图（左）和年变化图（右）

　　图2是江苏省13个地级市各季节各污染等级小时数占总观测小时数的百分比。南京全年PM$_{2.5}$优良时数占总观测时数的60.5%，其中优占18.6%，良占41.9%；污染时数比例为

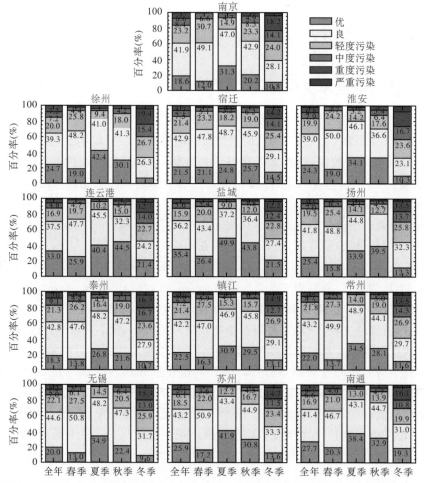

图2　江苏省13个地级市各季节PM$_{2.5}$各污染等级小时数占总观测小时数的百分比

39.5%，其中轻度污染占 23.2%，中度污染占 8.4%，重度污染占 6.6%，严重污染占 1.3%。

冬季污染时数比例最高，占 61.1%，其中轻度污染占 24.0%，中度污染占 14.1%，重度污染占 18.2%，严重污染占 4.8%，污染比例明显高于全年平均；优良比例占 38.9%，其中优占 10.8%，良占 28.1%。夏季污染时数比例最低，占 21.7%，其中轻度污染占 14.9%，中度污染占 4.7%，重度污染占 2.1%，严重污染占 0.1%；优良比例占 78.3%，其中优占 31.3%，良占 47.0%，可以看到夏季优良比例明显高于冬季，高出 39.4 个百分点。

3.2　PM$_{2.5}$质量浓度日变化特征

图 3 是江苏省 13 个地级市 PM$_{2.5}$质量浓度日变化曲线图。由图可见，南京市 PM$_{2.5}$质量浓度全年和各季节平均日变化表现为"双峰型"，第一峰出现在早上日出后 8—10 时，但较夜间增加不明显，主要是由于日出后人为活动增加，上班高峰期引起的峰值；随着太阳辐射增加，边界层高度抬升，污染扩散条件改善，污染物浓度下降，污染物在 14—15 时，一般午后边界层高度达到最高，污染物浓度下降到最低。午后随着边界层高度的下降，污染物浓度开始增大，到傍晚出现第二个峰值，夜间随着人为活动的减少，污染物浓度下降后保持不变。这种日变化特

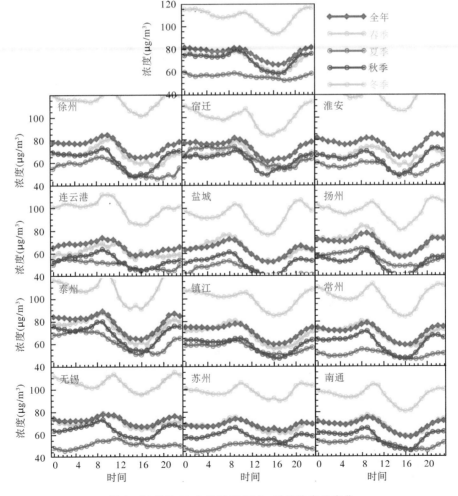

图 3　江苏省 13 个地级市 PM$_{2.5}$质量浓度日变化

征往往在冬季表现得最为明显。同时还可以看出冬季污染物浓度远高出年平均值,而夏秋季略低于年平均值,春季与平均值较为接近。

3.3　各市 PM$_{2.5}$质量浓度对比

南京市 PM2.5 质量浓度年均值最高,为 75.7 μg/m³,盐城市 PM$_{2.5}$质量浓度年均值最低,为 62.3 μg/m³,但仍超过国家二级标准(35 μg/m³)近 1 倍。

4　江苏及周边地区气溶胶空间分布特征

4.1　气溶胶光学厚度水平分布特征

通过分析气溶胶光学厚度(AOD)了解江苏及其周边地区气溶胶空间分布,对研究气溶胶气候和环境效应,以及提高空气质量预报准确度至关重要。为了清楚地分析气溶胶的局地变化,选用 2002—2014 年 Aqua MODIS 3 km 分辨率 C6 每日气溶胶产品,对其进行了网格化,形成 0.1°×0.1°网格数据进行分析。同时利用 90 m 分辨率的 SRTM 地形高程数据得到研究区域地形分布特征。

图 4 是江苏及周边地区 2002—2014 年 MODIS AOD 空间分布及地形高度。由图可见,在研究区域内,AOD 呈现北高南低的分布,AOD 均值为 0.63,在江苏省、安徽省北部、河南、山东境内 AOD 值普遍较高,大多在 0.7 以上。在浙江南部、安徽南部及以南地区 AOD 值较小,除个别区域(多为市区)外 AOD 值在 0.2~0.5 之间。同时对比地形高度分布可以看出,AOD 的分布与海拔高度密切相关。研究区域北部地形平坦,AOD 均较大,而南部多山地,海拔较高,AOD 明显较低。这一特征在安徽南部尤为明显,如在大别山和黄山(九华山)区 AOD 普遍较低,在 0.2 左右,而大别山和黄山(九华山)之间的低海拔区,AOD 较大,在 0.8 左右,此区域最大值出现在安徽安庆市区,可见局地源的排放对 AOD 分布的影响非常明显。从江西境内 AOD 的分布也可以看出这一特征,江西境内 AOD 的最大值出现在海拔较低的区域,同时也是省会南昌市区的位置。而图中左边,湖北境内在武汉市区域也出现大于 0.8 以上的

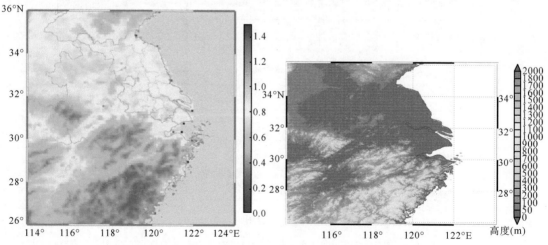

图 4　江苏及周边地区 2002—2014 年 MODIS AOD 空间分布(a)及地形高度(b)

AOD。江苏境内 AOD 均较高(0.8 左右),同时可以看到南部地区 AOD 大于北部地区,最大值出现在苏州、无锡境内。

图 5 为 Aqua MODIS AOD 各季节分布。由各季节分布可以看出,MODIS AOD 在夏季最大,春季较小于夏季,秋季明显小于春季,冬季最小,各季节 AOD 具有一致的空间分布。这一特征与地面 AERONET 站点太阳光度计观测得到的季节变化一致。

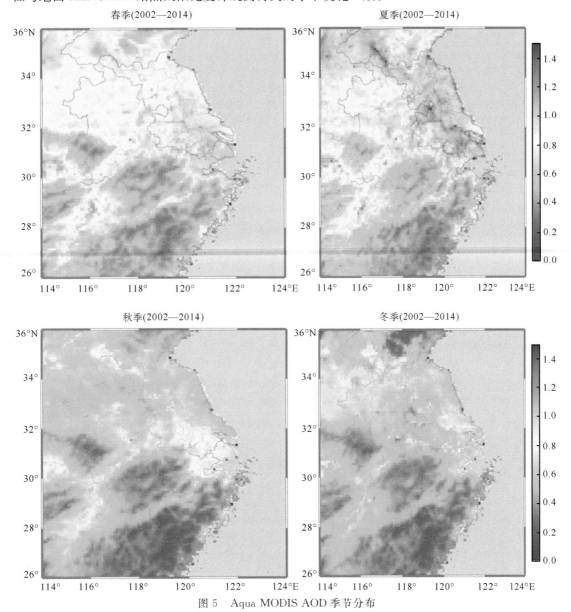

图 5　Aqua MODIS AOD 季节分布

4.2　OMI 监测吸收性气溶胶分布

图 6 是 2005—2014 年 OMI 吸收性气溶胶指数(AAI)年平均和季节平均分布。由图可见,我国 AAI 的大值区主要集中在北方地区,主要是由于冬季燃煤取暖和春季频发的沙尘事件造成的,在塔克拉玛干沙漠地区一年四季都有一个大值区存在。华北、东北地区是另一个 AAI 的大

值区,AAI 在冬季最大,春季次之、秋季较小,夏季为全年最小,这与燃煤取暖和沙尘事件的发生时间一致。由此可见 OMI 的 AAI 指数可以较好地监测出吸收性气溶胶的大值区所在。

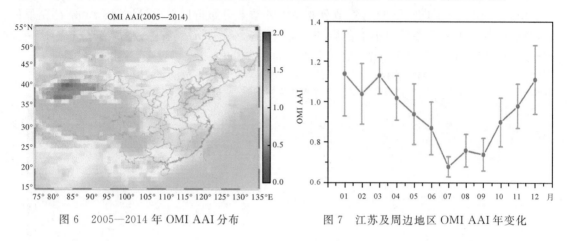

图 6　2005—2014 年 OMI AAI 分布　　　　　图 7　江苏及周边地区 OMI AAI 年变化

江苏及周边地区(114°—124°E,26°—36°N),2005—2014 年 AAI 平均值为 0.94,最大值出现在 1 月份,为 1.14±0.21,最小值出现在 7 月份,为 0.68±0.05,且各月份研究区域内都表现为北高南低的特征。图 7 是江苏及周边地区 OMI AAI 年变化,可以看到研究区域 AAI 冬季最大,均值为 1.10;春季均值为 1.03;秋季均值为 0.87;夏季最小,为 0.77。

5　开发气溶胶轨迹预报系统

在对江苏及其周边地区气溶胶空间分布有了总体认识的基础上,基于前向轨迹模式(NASA Langley trajectory model)模拟了大值 AOD 出现时的气溶胶传输轨迹,以此进行未来 24(48)小时空气质量预报。并考虑地面实测污染物浓度、降水等建立包括数据预处理、前向轨迹模拟、产品可视化等功能的气溶胶轨迹预报系统。系统基于 IDL 和 Fortran 语言开发,通过 shell 脚本进行集成,可以自行检索每日数据到齐后运行进行气溶胶轨迹预报(图 8)。

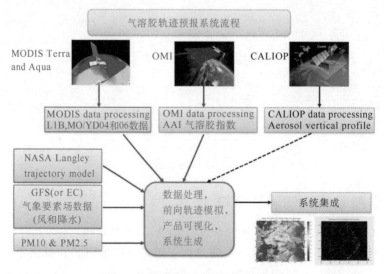

图 8　气溶胶轨迹预报系统流程图

系统基于的 NASA Langley 轨迹模式实质上求解以下 3D 常微分方程组的过程,求解过程中取 $P(t=0)=P_s-50,P_s-100,P_s-150,P_s-200$,可以得到低层不同高度上气溶胶传输轨迹。

$$D_x/D_t = U(x,y,p,t)$$
$$D_y/D_t = V(x,y,p,t)$$
$$D_p/D_t = W(x,y,p,t)$$

对 MODIS AOD 大于一定阈值的点进行模拟;系统的输入输出参数和产品见表1。

表1　气溶胶轨迹预报系统输入输出介绍

系统输入	MOD04 气溶胶产品
	MOD06 云参数产品
	OMI AAI 指数产品
	EC 或 GFS 风场和降水量预报产品
	地面污染物浓度观测资料
系统输入	每小时不同高度污染物传输轨迹

个例模拟:2014 年 4 月 3 日

从 2014 年 4 月 3 日 MODIS AOD 分布图上可以看到在江苏北部存在 AOD 的大值区,AOD 值大于 1.0,利用气溶胶轨迹预报系统对该区域未来 24 小时的轨迹进行预报,可以看到未来 24 小时污染物不断南侵,图 9b 为气溶胶小时轨迹动态图,是由 24 张图组成的,是从 2014 年 4 月 3 日 14 时到 4 日 13 时逐时气溶胶轨迹预报结果。从实况观测资料可以看到,4 月 4 日 16 时徐州 $PM_{2.5}$ 质量浓度达到 98.0 $\mu g/m^3$,为轻度污染;同时宿迁、淮安等城市也为轻度污染。

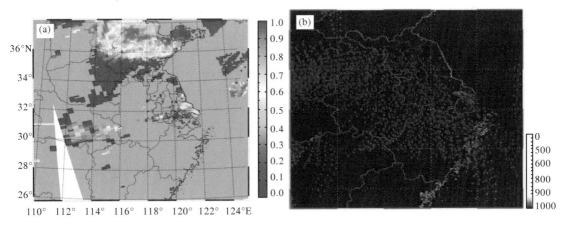

图 9　2014 年 4 月 3 日 MODIS AOD 分布(a)及 24 h 轨迹预报(b)

6　结论

(1)利用地面 PM2.5 质量浓度资料对江苏省 13 个地级市的地面污染年变化、日变化等特征进行了对比分析。13 个市均为冬季污染最重,春季次之,夏秋季较小。冬季月份 $PM_{2.5}$ 质量浓度及其变化幅度均较大,浓度值和变化幅度基本为夏季月份的 2 倍。各市全年优良比例在 60%～75%之间。而冬季优良比例在 30%～55%之间,其中淮安最小,为 33.4%;南京为 38.9%;南通优良比例最高,为 50.3%。夏季优良比例在 70%～90%之间,宿迁最小为 73.5%,南京为 78.3%,盐城最高为 87.1%。13 个市中南京市 PM$_{2.5}$质量浓度年均值最高,为 75.7 μg/m^3,盐城市 PM$_{2.5}$质量浓度年均值最低,为 62.3 g/m^3,但仍超过国家二级标准近 1 倍。各市 PM$_{2.5}$质量浓度全年和各季节平均日变化多表现为"双峰型",是由于人为活动和边界层高度日变化特征共同影响造成的。

(2)选用 2002—2014 年 Aqua MODIS 3 km 分辨率 C6 每日气溶胶产品,对其进行网格化,形成 0.1°×0.1°网格数据。利用臭氧监测仪(OMI)辐射数据,计算吸收性气溶胶指数,形成 0.25°×0.25°网格数据。CALIPSO 星载激光雷达消光系数垂直廓线资料被用于分析研究区域气溶胶垂直分布特征。基于以上卫星资料,同时结合地面污染物浓度和太阳光度计观测资料构建了多源的气溶胶观测数据资料库。

(3)建立气溶胶轨迹预报系统。基于前向轨迹模式(NASA Langley trajectory model)模拟了大值 AOD 的气溶胶传输轨迹,以此进行未来 24 小时气溶胶轨迹预报。

参考文献

[1] Charlson R J,Pilat M J. Climate:The influence of aerosols. *Journal of Applied Meteorology*,1969,**8**(6):1001-1002.

[2] Haywood J,Boucher O. Estimates of the direct and indirect radiative forcing due to tropospheric aerosols:A review. *Reviews of Geophysics*,2000,**38**(4):513-543.

[3] Twomey S A. The influence of pollution on the shortwave albedo of clouds. *J. Atmos. Sci.*,1977,**34**:1149-1152.

[4] Charlson R J,Lovelock J E,Andreae M O,et al. Oceanic phytoplankton,atmospheric sulphur,cloud albedo and climate. *Nature*,1987,**326**(6114):655-661.

[5] Albrecht B. Aerosols,cloud microphysics and fractional cloudiness. *Science*,1989,**245**:1227-1230.

[6] Lohmann U,Feichter J. Global indirect aerosol effects:a review. *Atmospheric Chemistry and Physics*,2005,**5**(3):715-737.

[7] Hansen J,Sato M,Ruedy R. Radiative forcing and climate response. *Journal of Geophysical Research*,1997,**102**(D6):6831-6864.

[8] Ackerman A S,Toon O B,Stevens D E,et al. Reduction of tropical cloudiness by soot. *Science*,2000,**288**(5468):1042-1047.

[9] Jacobson M Z. Control of fossil-fuel particulate black carbon and organic matter,possibly the most effective method of slowing global warming. *Journal of Geophysical Research*,2002,**107**(D19):ACH 16-1-ACH 16-22.

[10] Koren I,Kaufman Y J,Remer L A,et al. Measurement of the effect of Amazon smoke on inhibition of cloud formation. *Science*,2004,**303**(5662):1342-1345.

[11] Huang J,Lin B,Minnis P,et al. Satellite-based assessment of possible dust aerosols semi-direct effect on cloud water path over East Asia. *Geophysical Research Letters*,2006,**33**(19). doi:10.1029/2006GL026561.

[12] Yu H,Kaufman Y J,Chin M,et al. A review of measurement-based assessments of the aerosol direct

radiative effect and forcing. *Atmospheric Chemistry and Physics*,2006,**6**(3):613-666.

[13] Bäumer D,Vogel B,Versick S,et al. Relationship of visibility,aerosol optical thickness and aerosol size distribution in an ageing air mass over South-West Germany. *Atmospheric Environment*,2008,**42**(5): 989-998.

[14] Gauderman W J,Mcconnell R,Gilliland F,et al. Association between air pollution and lung function growth in southern California children. *American Journal of Respiratory and Critical Care Medicine*, 2000,**162**(4):1383-1390.

[15] McMichael A J,Woodruff R E,Hales S. Climate change and human health:present and future risks. *The Lancet*,2006,**367**(9513):859-869.

[16] 石广玉,王标,张华,等. 大气气溶胶的辐射与气候效应. 大气科学,2008,**32**(4):826-840.

[17] 王跃思,辛金元,李占清,等. 中国地区大气气溶胶光学厚度与 Angstrom 参数联网观测(2004-08～ 2004-12). 环境科学,2006,**27**(9):1703-1711.

[18] 张人禾,李强,张若楠.2013 年 1 月中国东部持续性强雾霾天气产生的气象条件分析. 中国科学:地球 科学,2014,**44**:27-36.

[19] Wu Guoxiong,Li Zhanqing,Fu Congbin,et al. Advances in studying interactions between aerosols and monsoon in China. *Science China Earth Sciences*,2016,**59**(1):1-16.

[20] Levy R C,Mattoo S,Munchak L A,et al. The Collection 6 MODIS aerosol products over land and o-cean,*Atmos. Meas. Tech.*,2013,(6):2989-3034.

基于 FY-3C 卫星资料的雾霾监测方法研究

田宏伟[1,2]

（1. 河南省气象科学研究所，郑州 450003；

2. 中国气象局/河南省　农业气象保障与应用技术重点开放实验室，郑州 450003）

摘　要:本研究采用暗像元算法反演了基于 FY-3C 星 MERSI 传感器的气溶胶光学厚度产品，根据地面能见度与 AOD 和相对湿度的关系，建立并选择了不同季节地面能见度最佳反演模型，春季为 Koschmieder 模型，夏季为乘幂指数模型，秋季和冬季为多元相关模型。将相对湿度地面观测结果插值到 1km 精度，结合能见度反演结果，对照行业标准《霾的观测和预报等级》，逐像元判识霾和轻雾的存在，四个季节平均误警率、命中率和成功率分别为 22%、66% 和 58%。

关键词:气溶胶光学厚度;雾霾;MERSI

1　引言

　　随着我国经济发展和城市化进程的加快，国民经济规模逐渐扩大，机动车保有量逐渐增多，大气污染物的排放量也日益增长，使得空气质量严重恶化，雾霾天气愈演愈烈，尤其是2013 年初，华北地区长达两个月的连续雾霾天气引起了国内外媒体的广泛关注，空气污染的治理和雾霾天气的预防预报成为当前的研究热点之一。霾是指大量极细微的干尘粒等均匀地浮游在空中，是水平能见度小于 10 km 的一种天气现象，表现为空气混浊，可使远处光亮物体微带黄、红色，而使黑暗物体略带蓝色。雾霾天气的出现会导致能见度降低、影响城市景观和交通秩序，导致一系列疾病发病率的上升，同时还影响到地面辐射的收支平衡，对全球气候产生影响。

　　根据中国气象局发布的行业标准 QX/T 113—2010《霾的观测和预报等级》，霾与轻雾的观测指标主要有能见度、相对湿度，气溶胶质量浓度（$PM_{2.5}$ 和 PM_1）、气溶胶散射系数与吸收系数之和等四项[1]。即使有了客观规范的气象台站观测，其观测也只是点状观测，无法获取整个区域乃至全球的霾信息，而随着卫星遥感技术的发展，卫星数据空间分辨率与时间分辨率的提高，使得对大气污染、污染物的光学特性及长距离输送的遥感监测提供了可能。MODIS 以及 MISR 等新一代传感器的发展，使卫星遥感在监测全球气溶胶分布及特性，以及颗粒物估算方面的潜力日益显现。

　　薄云以及气溶胶层的影响是遥感图像采集过程中面临的突出问题，因此霾的去除往往是遥感信息提取过程中的首要步骤。Chaves 提出的暗目标去除法已被广泛发展和利用[2]，一般通过估算给定波段图像直方图的最小偏移量来实现，也可以通过划分不同区域确定直方图的最小偏移量实现对霾变化信息的提取。但是此方法一般在霾的影响范围较大时才能实现对直方图最小偏移量的准确估计，因此，Liang 等在 1997 年提出了结合暗目标检测法和大气物理模型,通过寻找图像内独立的暗像元,如植被等,进而得到更精细的霾结构特征[3]。Richter 指出霾是缨帽变换中第四分量的主要贡献量,他还通过对 TM 的 1、3 波段进行转换以获得霾信息,这种方法过程比较复杂,但有效减少了转换过程中地标信息的丢失[4]。Zhang 等在详细分析 TM 的 1、3 波段在不同地表覆盖的光谱特征的基础上,提出了 HOT(Haze Optimized Transformation,霾优化变换)法用于提取 TM 图像上的霾信息[5]。Ji 通过在深水区图像建立线性回归模型,利用近红外波段估计霾对可见波段的影响程度来实现了可见波段霾的影响的剔除[6]。Lee 等利用地基和卫星监测数据对韩国发生的两次霾进行了分析,认为霾产生的原因可能是城市污染及农作物燃烧排放的烟尘造成的,并且主要污染源为黄海地区的气溶胶[7]。兰措等 1998 年利用多年 NOAA-12 卫星云图资料对西宁市区上空的霾进行了分析,总结了其在遥感图像中所呈现的纹理和物理量特征,并利用这些特征值对霾的面积、经纬度范围和中心经纬度值进行了计算[8]。崔祖强等利用 MODIS 产品月、季 NDVI 最大值合成 MVC-NDVI 与观测日 NDVI 之间的差值来提取气溶胶浑浊度信息,并根据这些信息对珠三角地区一次细粒子气溶胶扩散过程源、汇及扩散过程进行了分析[9]。夏丽华等利用 MODIS 的 AOD 产品及空气污染指数对城市光化学污染预警进行了分级,并结合广州市进行了验证分析[10]。孙娟以 MODIS 的 AOD 产品对气溶胶污染等级进行分级,建立了 AOD 等级—能见度等级—API 指数的综合评价指标,实现了对城市空气质量的综合评价,并为利用大气遥感产品监测霾及霾的等级判断提供了依据[11-12]。Li 等用 HOT 方法结合 MODIS 1B 数据对北京地区奥运会期间进行了霾监测,同时反演了霾天气条件下的 AOD,与地基 AOD 相关系数达到了 70％以上[13]。Guo 等利用卫星数据、地基太阳光度计数据以及颗粒物浓度数据对 2007 年黄海地区两次严重霾天气进行了分析,发现两次霾都伴随较高的 AOD 值,并用 MODIS 反演的 AOD 来判断霾的位置及范围,证明用卫星反演气溶胶光学厚度来区分霾区域及严重等级是可行的,大大扩展了霾的监测方法,为区域大气环境污染研究和定量遥感发展提供了依据[14]。

本研究拟基于国产新一代极轨气象卫星 FY-3C 星的 MERSI 数据反演气溶胶光学厚度,建立基于气溶胶光学厚度和地面相对湿度的能见度反演模型,确定基于气溶胶光学厚度(AOD)和地面相对湿度观测的轻雾和霾的判别方法,为我国北方地区雾霾的遥感监测提供理论基础。

2　资料与方法

本研究所用资料主要有 2014 年 8 月至 2015 年 5 月 FY-3C 星 MERSI 传感器资料,来源于河南省气象科学研究所;地面气象观测资料,主要包括地面能见度、相对湿度和天气现象,来源于河南省气象局。

采用暗像元算法反演 FY-3C 气溶胶光学厚度(AOD),提取河南省主要地面气象站所在像元 AOD 值,研究其与能见度、相对湿度之间的关系,建立基于 AOD 产品的地面能见度反演模型。根据地面能见度反演结果,结合地面相对湿度,根据中国气象局发布的行业标准 QX/T 113—2010《霾的观测和预报等级》,逐像元识别霾区的分布。

3　结果与讨论

3.1　风三反演 AOD 精度验证

通过将风三气溶胶光学厚度与 NASA 发布的 MODIS 气溶胶光学厚度产品进行对比,验证反演结果。验证结果显示,风三气溶胶产品比 NASA 发布的产品数值偏小,但相关性很好,相关系数为 0.6386(图 1)。

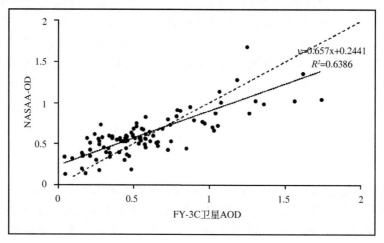

图 1　FY-3C 卫星气溶胶反演结果验证图

3.2　能见度反演模型的建立

根据 Koschmieder 理论,能见度计算公式为:

$$V = \frac{3.912}{\beta_0}$$

式中:V 为能见度,β_0 为地面消光系数。能见度和气溶胶光学厚度的关系为:

$$V = 3.912 \times H \frac{1}{\tau - b}$$

式中 H 为气溶胶标高系数,τ 为气溶胶光学厚度,b 为经验系数。根据上述公式分季节建立模型,各季节拟合结果如图 2。

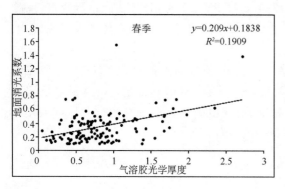

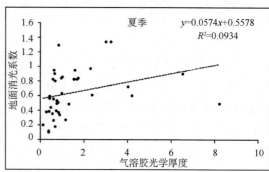

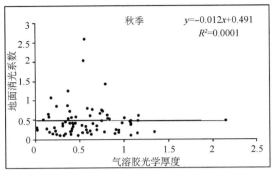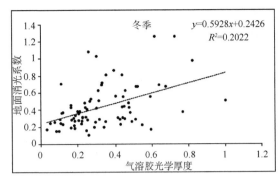

图 2　不同季节气溶胶光学厚度和消光系数关系图

根据拟合结果,得到各季节 AOT 与能见度反演模型如表 1。冬季和春季相关度最高,均达到极显著相关的水平,夏季也达到显著相关,而秋季反演模型未能通过显著性检验。

表 1　各季节气溶胶标高法能见度反演模型

季节	模型	R^2	R	样本量	置信水平
春季	$V=3.912/(0.209 \cdot \tau+0.1838)$	0.1909	0.4369	139	0.01
夏季	$V=3.912/(0.0574 \cdot \tau+0.5578)$	0.0934	0.3056	41	0.05
秋季	$V=3.912/(0.012 \cdot \tau+0.491)$	0.0001	0.0100	76	—
冬季	$V=3.912/(0.5928 \cdot \tau+0.2426)$	0.2022	0.4497	79	0.01

根据 McClatchey 理论和 6S 大气辐射传输模式,地面能见度与气溶胶光学厚度的关系为乘幂关系,即:

$$V=\alpha \cdot \tau^{\beta}$$

式中 α 和 β 可以根据不同季节的能见度和 AOT 值拟合,拟合结果如图 3。

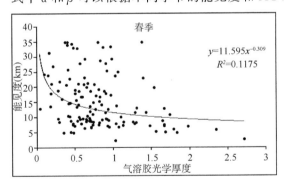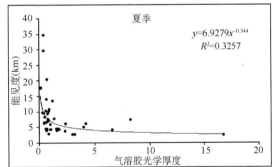
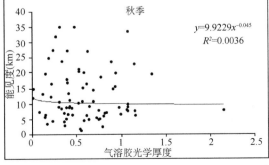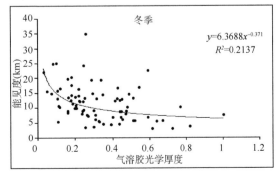

图 3　不同季节气溶胶光学厚度和能见度关系图

根据拟合结果,得到各季节 AOT 与能见度反演模型如表 2,夏季、冬季和春季反演模型均达到极显著相关水平,而秋季反演模型未能通过显著性检验。

表 2 各季节乘幂指数法能见度反演模型

季节	模型	R^2	R	样本量	置信水平
春季	$V = 11.595 \cdot \tau^{-0.309}$	0.1175	0.3428	139	0.01
夏季	$V = 6.9279 \cdot \tau^{-0.344}$	0.3257	0.5707	41	0.01
秋季	$V = 9.9229 \cdot \tau^{-0.045}$	0.0036	0.0600	76	—
冬季	$V = 6.3688 \cdot \tau^{-0.371}$	0.2137	0.4623	79	0.01

大量研究表明,除颗粒物外,相对湿度对能见度有着很大的影响,因此采用多元回归模型,建立能见度与 AOT 值、相对湿度反演模型,得到各季节反演模型如表 3,各季节反演模型均达到了极显著相关水平。

表 3 各季节多元回归能见度反演模型

季节	模型	R^2	R	样本量	置信水平
春季	$V = 24.9264 - 4.916 \cdot \tau - 0.139 * RH$	0.1336	0.3655	139	0.01
夏季	$V = 22.0683 - 0.543 \cdot \tau - 0.203 * RH$	0.1726	0.4155	41	0.01
秋季	$V = 25.1330 - 4.855 \cdot \tau - 0.180 * RH$	0.1025	0.3202	76	0.01
冬季	$V = 19.5667 - 9.809 \cdot \tau - 0.154 * RH$	0.3154	0.5616	79	0.01

根据三种模型结果,相关性选择各季节最佳反演模型,春季为 Koschmieder 模型,夏季为乘幂指数模型,秋季和冬季为多元相关模型,结果如表 4。

表 4 各季节能见度反演最佳模型

季节	模型	R^2	R	样本量	置信水平
春季	$V = 3.912 / (0.209 \cdot \tau + 0.1838)$	0.1909	0.4369	139	0.01
夏季	$V = 6.9279 \cdot \tau^{-0.344}$	0.3257	0.5707	41	0.01
秋季	$V = 25.1330 - 4.855 \cdot \tau - 0.180 * RH$	0.1025	0.3202	76	0.01
冬季	$V = 19.5667 - 9.809 \cdot \tau - 0.154 * RH$	0.3154	0.5616	79	0.01

3.3 轻雾和霾反演及验证

根据三种能见度反演模型确定的四个季节的最佳模型,逐像元反演 1 km×1 km 精度能见度,将地面相对湿度观测资料采用克里金插值到同样精度。根据中国气象局发布的气象行业标准《霾的观测和预报等级》(QX/T 113—2010),排除降水、沙尘暴、扬沙和浮沉等天气现象,能见度小于 10 km,相对湿度小于 80%,判识为霾;相对湿度 80%~95% 时需要按照地面观测规范规定的描述或大气成分指标进一步判识。结合能见度反演结果和相对湿度插值结果,霾和轻雾的判识标准为:能见度小于 10km 时,相对湿度小于 80% 判识为霾,相对湿度大于 90% 判识为轻雾,相对湿度 80%~90% 之间判识为轻雾和霾并存。

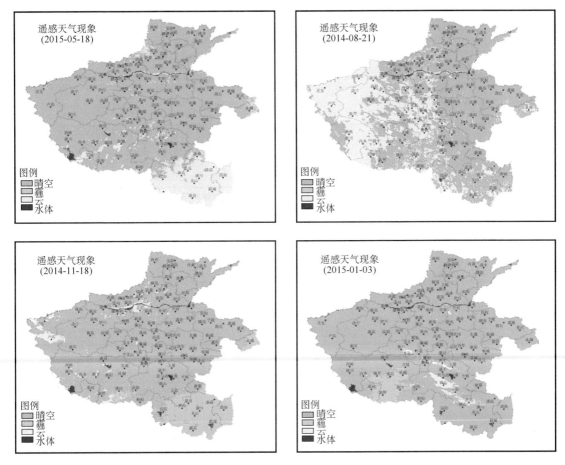

图 4　不同季节雾霾反演结果示意图

根据确定的霾和轻雾反演算法，选取春季 2015 年 5 月 18 日、夏季 2014 年 8 月 21 日、秋季 2014 年 11 月 18 日、冬季 2015 年 1 月 3 日代表四个季节反演结果进行验证，其反演结果如图 4，表 5—表 8。FY-3C 星过境时间约上午 10∶30，但 2014—2015 年期间，上午 11 时只有少部分地面气象观测站有整点天气现象观测，故选取下午 14 点整点天气现象观测结果与反演结果对比。采用 Bendix 提出的精度分析 3 个指标：误警率（α_{FAR}）、命中率（α_{POD}）和成功率（I_{CSI}），对霾的监测结果进行精度分析。

$$\alpha_{FAR} = \frac{n_1}{n_1 + n_3}$$

$$\alpha_{POD} = \frac{n_3}{n_2 + n_3}$$

$$I_{CSI} = \frac{n_3}{n_1 + n_2 + n_3}$$

其中 n_1 指反演结果有霾的在地面观测中缺无霾的站点个数；n_2 指反演结果中没有霾而地面观测中却有霾的站点数；n_3 指反演结果与观测资料都有霾的站点个数。

表 5　春季反演精度分析

卫星反演结果	地面观测结果		
	有霾站点/个	无霾站点/个	总计/个
有霾站点/个	$n_3 = 2$	$n_1 = 1$	3
无霾站点/个	$n_2 = 1$	97	98
总计/个	3	98	101

经计算得到：$\alpha_{FAR} = 33\%$，$\alpha_{POD} = 66\%\%$，$I_{CSI} = 60\%$。

表 6　夏季反演精度分析

卫星反演结果	地面观测结果		
	有霾站点/个	无霾站点/个	总计/个
有霾站点/个	5	2	7
无霾站点/个	2	112	114
总计/个	7	114	121

经计算得到：$\alpha_{FAR} = 28\%$，$\alpha_{POD} = 71\%$，$I_{CSI} = 56\%$。

表 7　秋季反演精度分析

卫星反演结果	地面观测结果		
	有霾站点/个	无霾站点/个	总计/个
有霾站点/个	12	2	14
无霾站点/个	6	87	93
总计/个	18	89	107

经计算得到：$\alpha_{FAR} = 14\%$，$\alpha_{POD} = 67\%$，$I_{CSI} = 60\%$。

表 8　冬季反演精度分析

卫星反演结果	地面观测结果		
	有霾站点/个	无霾站点/个	总计/个
有霾站点/个	6	1	7
无霾站点/个	4	103	107
总计/个	10	104	115

经计算得到：$\alpha_{FAR} = 14\%$，$\alpha_{POD} = 60\%$，$I_{CSI} = 55\%$。

四个季节平均误警率（α_{FAR}）、命中率（α_{POD}）和成功率（I_{CSI}）分别为：22%，66% 和 58%。

4　结论

(1)风三气溶胶产品比 NASA 发布的产品数值偏小，但相关性很好，相关系数为 0.6386。

(2)根据相关性选择各季节最佳反演模型，春季为 Koschmieder 模型，夏季为乘幂指数模型，秋季和冬季为多元相关模型。

(3)AOD 产品反演的能见度结合地面相对湿度反演了轻雾和霾分布情况，反演精度显示：四个季节平均平均误警率（α_{FAR}）、命中率（α_{POD}）和成功率（I_{CSI}）分别为：22%，66% 和 58%。

参考文献

［1］ 霾的观测和等级预报. 中华人民共和国气象行业标准, QX/T 113—2010. 中国气象局发布, 2010.

［2］ Chavez P. S An improved dark object subtraction technique for atmospheric scattering correction of multispectral data. *Remote Sens. Environ.* , 1988, **24**: 450-479.

［3］ Liang S, Fallah-Adl H, Kalluri S et al. An operational atmospheric correction algorithm for Landsat Thematic Mapper imagery over the land. *Journal of Geophysical Research* , 1997, **102**: 17173-17186.

［4］ Richter R. A spatially adaptive fast atmospheric correction algorithm. *International Journal of Remote Sensing* . 1996, **17**: 1201-1214.

［5］ Zhang Y, Guindon B, Cihlar J. An image transform to characterize and compensate for spatial variations in thin cloud contamination of Landsat images. *Remote Sensing of Environment* , 2002, **82**: 173-187.

［6］ Ji C Y. Haze reduction from the visible bands of Landsat TM and TM+ images over a shallow water reef environment. *Remote Sensing of Environment* , 2008, **112**: 1773-1783.

［7］ Lee K H, Young J K, Kim M J. Characteristics of aerosol observed during two severe haze events over June and October 2004. *Atmospheric Environment* , 2006, **40**: 5146-5155.

［8］ 兰措, 张永新. 冬季西宁市区上空阴霾的监测与分析. 气象, 1998, **24**(6): 27-29.

［9］ 崔祖强, 郑志宏. 从归一化植被指数提取气溶胶光学信息. 广州气象, 2006, (2): 1-7.

［10］ 夏丽华, 王德辉, 王芳. 基于 MODIS 数据的广州市光化学污染预警等级研究. 国土资源遥感, 2006, (4): 73-76.

［11］ 孙娟. 气溶胶光学厚度的高光谱反演及其环境效应. 华东师范大学, 2006.

［12］ 孙娟, 束炯, 鲁小琴, 等. 上海地区气溶胶特征及 MODIS 气溶胶产品在能见度中的应用. 环境污染与防治. 2007, **29**(2): 127-131.

［13］ Li S S, Chen L F. Design and application of haze optical thickness retrieval model for Beijing Olympic Games. Geoscience and Remote Sensing Symposium, *IEEE International* , 2009, (2): 507-510.

［14］ Guo J P, Zhang X Y et al. Monitoring haze episodes over the Yellow Sea by combining multisensory measurements. *International Journal of Remote Sensing* , 2010, **31**(17): 1773-1783.

京津冀地区气溶胶光学厚度反演及空间分布

杨　鹏[1]　陈　静[1]　高　祺[1]　智利辉[1]　赵利平[2]　崔生成[3]

(1. 石家庄市气象局,石家庄 050081;2. 国家测绘地理信息局卫星测绘应用中心,北京 101300;

3. 中国科学院安徽光学精密机械研究所中国科学院大气成分与光学重点实验室,合肥 230031)

摘　要: 利用 MOD09A1 产品建立蓝波段地表反射率数据库,基于深蓝算法和查找表法反演京津冀地区 1 km 分辨率的气溶胶光学厚度(AOD)。反演结果与 NASA MOD04_L2(10 km×10 km)、MOD04_3K(3 km×3 km)两种气溶胶产品的空间分布具有高度一致性,且空间分辨率更高;与石家庄站 CE-318 太阳光度计观测的结果比较,反演结果的平均绝对误差在 0.08 左右,两者之间相关度 $R^2 = 0.937$。卫星过境时刻,三种 AOD 数据的交叉比对试验表明,1 km 反演结果与 MOD04_L2 产品的平均误差约为 0.06,与 MOD04_3K 平均误差约为 0.03。最后,将反演结果与河北省 $PM_{2.5}$、PM_{10} 质量浓度空间分布进行相关性分析,AOD 与 $PM_{2.5}$ 和 PM_{10} 质量浓度的相关系数 R 分别为 0.737 和 0.709,表明 1km AOD 反演结果有效地反映了区域 $PM_{2.5}$ 和 PM_{10} 的质量浓度空间分布情况。

关键词: MODIS;气溶胶光学厚度;深蓝算法;CE-318;京津冀

1　前言

气溶胶在地球大气辐射收支平衡和全球气候变化中扮演着非常重要的角色。通过散射和吸收太阳辐射直接影响地气系统的辐射收支平衡,还可以作为云凝结核影响云和降水过程,是气候变化研究中的重要因子[1~3]。大气气溶胶光学厚度(AOD)作为其最重要的参数之一,是表征大气浑浊度的重要物理量,也是确定气溶胶气候效应的一个关键因子,因此,如何准确地获得气溶胶光学厚度对于研究气候变化具有重要意义[4~6]。

气溶胶光学厚度主要通过地基观测和卫星遥感反演两种方式获取。地基观测普遍采用太阳光度计仪器进行连续观测,但只能获取该观测站点的数据,不能反映大范围气溶胶的空间分布情况。卫星遥感具有监测面积广、信息获取方便、不受站点布设位置的局限,能够快捷高效地获取大范围气溶胶光学厚度空间分布信息[7]。

目前,国内外已经发展多种卫星遥感算法反演气溶胶光学厚度,各类反演算法都是根据地表类型和气溶胶组成的差异从不同角度实现气溶胶光学厚度的反演[8]。比较常用的几种算法有:暗像元法(DDV)、改进的暗像元法(V5.2 算法)、深蓝算法(DB)、结构函数法、高反差地表法、多星协同反演算法等[4]。MODIS 是搭载在 NASA 地球观测系统上的重要传感器,具有从可见光、近红外到红外共 36 个通道,最高分辨率可达 250 m,对陆地气溶胶遥感提供了可行的手段[9]。NASA 提供 10 km 分辨率气溶胶产品,目前第 6 版提供 3 km 分辨率产品,但分辨率较原始数据 1 km 分辨率来讲相对较低,在局部范围内不能准确地反演气溶胶的空间分布。为此,要比较准确地反演气溶胶空间分布,除了将空间分辨率提高到 1 km 外,还需要在气溶胶模式、地表反射率的精度以及反演算法上做进一步研究。

本文基于 MODIS 1B 1km×1km 卫星遥感影像数据,采用深蓝算法反演京津冀地区气溶胶光学厚度,并利用地基 Cimel CE-318 太阳光度计 AOD 数据和 NASA 发布的 MOD04_L2(10 km×10 km)、MOD04_3K(3 km×3 km)气溶胶产品对算法进行精度检验。最后,将本文反演的 AOD 与河北省空气污染物 $PM_{2.5}$、PM_{10} 质量浓度进行比较,探索利用 MODIS 数据反演污染物质量浓度的可行性。

2 反演原理及方法

2.1 反演原理

在无云的大气条件下,假设地表为均匀朗伯体,考虑大气影响,卫星传感器接收到的表观反射率 $\rho^*(\theta_s, \theta_v, \varphi)$ 由路径辐射项和地表辐射项构成。$\rho^*(\theta_s, \theta_v, \varphi)$ 既是气溶胶光学厚度的函数,又是下垫面反射率的函数,其表达式可表示为[10]:

$$\rho^*(\tau_a, \theta_s, \theta_v, \varphi) = \rho_a(\tau_a, \theta_s, \theta_v, \varphi) + \frac{\rho}{1-\rho s(\tau_a)} \cdot T(\tau_a, \theta_s) \cdot T(\tau_a, \theta_v) \cdot F_d(\theta_s) \qquad (1)$$

其中,τ_a 为气溶胶光学厚度,θ_s 为太阳天顶角,θ_v 为观测天顶角,φ 为相对方位角;等号右边第一项 $\rho_a(\tau_a, \theta_s, \theta_v, \varphi)$ 为路径辐射项,是大气中气体分子与气溶胶散射的共同贡献;右边第二项为地表和大气共同作用产生的反射率,s 表示大气下半球反照率,$F_d(\theta_s)$ 为下行总辐射,$T(\theta_s) \cdot T(\theta_v)$ 为从地表到卫星传感器总的透过率。

从公式(1)中可以看出,在已知大气模式、气溶胶模式、地表反射率、表观反射率及相关观测几何信息的条件下,可以计算气溶胶光学厚度。气溶胶光学厚度反演的关键在于如何将地表的贡献与大气的贡献准确分离。在已知下垫面地表反射率的情况下,可以根据不同地区的气溶胶模式反演气溶胶光学厚度。对于地表反射率很低(暗地表)的情况,卫星接收的表观反射率主要取决于大气路径辐射项;当地表反射率较大时(亮地表),路径辐射项的贡献不可忽略。气溶胶模式的假设将直接影响反演结果,如何确定大气气溶胶模式成为卫星遥感反演气溶胶光学厚度的又一难点。

针对这些问题,目前基于不同卫星传感器,国内外已经发展了多种不同的大气气溶胶遥感反演算法。考虑到本文主要反演京津冀地区(含城市亮像元)气溶胶光学厚度,其地表类型较为复杂且反射率较高,大气与地表的信息很难有效分离,因此本文主要基于深蓝算法反演京津冀地区气溶胶光学厚度[11]。

2.2 深蓝算法反演气溶胶光学厚度

2.2.1 地表反射率的确定

在反演过程中,最主要的难点在于地表贡献与大气贡献的分离。研究表明,0.01 的地表反射率误差可导致气溶胶光学厚度 0.1 左右的误差[12]，地表反射率的精度直接影响算法的反演精度，因此如何提高地表反射率的精度是算法反演精度的关键。

本文选用 MOD09A1 500 m 地表反射率 8 天合成产品为基础，构建第 3 波段地表反射率数据库。MOD09A1 提供了 1～7 波段 500 m 分辨率的数据产品，投影方式为正弦曲线。MOD09A1 的每一个像元包含了 8 天之内最有可能的 L2G 观测数值，尽量考虑高观测覆盖、低视角、无云及云的阴影及气溶胶浓度的影响，产品质量具有较高的可信度。利用 ENVI 软件对 MOD09A1 产品分别进行几何校正、数据拼接、重采样等数据处理操作，构建第 3 波段（蓝光波段）1 km 分辨率地表反射率数据库。

2.2.2　大气气溶胶模式的确定

6S 辐射传输模型提供了 7 种大气模式（热带大气、中纬度夏季大气、中纬度冬季大气、亚北极区夏季大气、亚北极区冬季大气）和 3 种用户自定义大气模式。同时也提供了 8 种气溶胶模式和 4 种用户自定义气溶胶模式，我们用到的主要有 5 种气溶胶模式（大陆型气溶胶、海洋型气溶胶、城市型气溶胶、沙漠型气溶胶、平流层模式）和 1 个自定义模式（输入灰尘、水溶型、海洋型、烟尘四种粒子所占体积比来确定）[13]。

2.2.3　构建查找表

本文采用 6S 辐射传输模型构建查找表。在 6S 模型中输入不同的几何参数、大气模式、气溶胶参数、光谱条件和地表参数等信息，计算一套适用于京津冀地区的算法查找表[14]。几何参数，预设 13 个太阳天顶角（0°、6°、12°、18°、24°、30°、36°、42°、48°、54°、60°、66°、72°），13 个观测天顶角（0°～72°，以 6° 为间隔），19 个相对方位角（0°～180°，以 10° 为间隔）；大气模式选择中纬度夏季模式；气溶胶参数选择大陆型气溶胶模式；考虑到内插精度的问题，预设 14 个气溶胶光学厚度分别为：0.01、0.05、0.1、0.2、0.3、0.4、0.5、0.6、0.7、0.8、0.9、1.0、1.5、2.0；16 个地表反射率分别为：0.0001、0.01、0.02、0.03、0.04、0.05、0.06、0.07、0.08、0.09、0.10、0.11、0.12、0.13、0.14、0.15，构建 MODIS 第 3 波段 13 * 13 * 19 * 14 * 16 = 719264 组大气参数 S、ρ_0、T 的查找表。

2.2.4　气溶胶光学厚度反演

由于 MODIS 反演算法主要基于暗像元，适用于浓密植被覆盖的区域，对于植被覆盖稀疏或者无植被覆盖的北半球冬季地区或者高亮地表的城市像元就不太适用。为了解决该问题，Hsu 等人（2004）提出了深蓝算法。在亮地表像元下，蓝光波段的地表反射率较小，只有可见光波段的 1/2～1/4，可以通过对蓝光波段地表反射率的模拟实现对气溶胶光学厚度的反演[15]。

基于深蓝算法，以 MODIS 的地表反射率产品 MOD09A1 资料为基础建立蓝光波段地表反射率数据库，并利用所构建的查找表，反演京津冀地区气溶胶光学厚度，具体反演流程如下图所示：

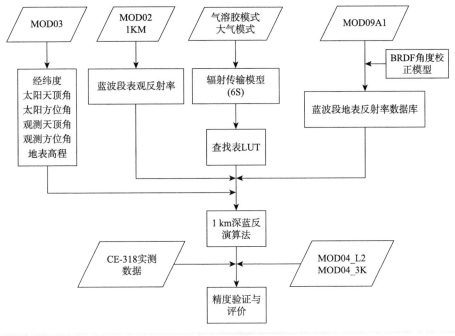

图 1　反演算法流程图

3　反演结果及精度检验

　　本文选取 2014 年 9 月 1 日—2015 年 5 月 31 日 Terra/MODIS MOD021KM 数据,反演京津冀地区气溶胶光学厚度。为了检验反演算法的精度,利用卫星过境时刻(上午 10∶30)石家庄站 CE-318 太阳光度计地面数据以及 NASA 发布的 MOD04_L2(10 km×10 km)和 MOD04_3K(3 km×3 km)气溶胶产品分别对反演结果进行检验。

3.1　反演结果与太阳光度计对比分析

　　石家庄站 CE-318 太阳光度计于 2015 年 3 月 20 日安装成功并正式运行,有 9 个观测通道,分别为 340 nm、380 nm、440 nm、500 nm、670 nm、870 nm、1020 nm、1640 nm、936 nm(水汽通道),利用太阳光度计可以反演不同波段的光学厚度。通过对 440 nm 和 870 nm 波段拟合得到运行 6S 模型所需的 550 nm 气溶胶光学厚度,拟合公式如下:

$$\alpha = -\frac{\ln(\tau_2/\tau_1)}{\ln(\lambda_2/\lambda_1)} \tag{2}$$

$$\beta = \tau_1\lambda_1^{\alpha} = \tau_2\lambda_2^{\alpha} \tag{3}$$

式中 α 为 Angstrom 指数,α 与气溶胶的粒子谱分布有关,可以反映粒径大小,其数值大小与粒径的大小成反比;β 为 Angstrom 浑浊度参数,表示整层大气气溶胶的浓度。基于 440 nm 和 870 nm 两个通道的光学厚度,计算出相应时刻的 α 和 β,再根据公式 $\tau_{550} = \beta\lambda_{550}^{-\alpha}$,进一步计算得到 550 nm 的气溶胶光学厚度。

　　石家庄站 CE-318 太阳光度计所观测的数据为该站点(114.35°E,38.07°N)随时间变化的数据集(平均每 10 min 观测一次),而本文反演的 MODIS AOD 数据为某一时刻下 1 km×1 km 空间分布变化。考虑到卫星过顶时的角度问题可能会造成像元几何定位偏差,本文提取了 2015 年 3 月 20 日—2015 年 5 月 31 日晴空无云下石家庄站 CE-318 太阳光度计观测站点周围 5 km×5 km 范围内的 MODIS AOD 数据,与卫星过境前后 30 min 内 CE-318 太阳光度计 550 nm AOD 数据进行对比分析,如图 2 所示。MODIS 反演结果与 CE-318 AOD 的平均绝对误差在 0.08 左右,且具有很好的相关性(R^2=0.937)。分析表明,该算法反演的气溶胶光学厚度与 CE-318 实地测量的 AOD 值相比,误差较小,反演精度较高。

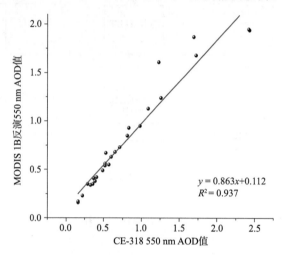

图 2　1 km 反演结果与 CE-318 AOD 对比

3.2　反演结果与 NASA 产品对比分析

为了进一步验证反演算法在京津冀地区空间分布上的适用性和准确性,本文选取 2014 年 9 月 5 日 11:05 时、2015 年 4 月 20 日 11:35 时、2015 年 5 月 23 日 10:40 时 3 个典型时次(三天的地面形势场均为均压场,整体不利于污染物的稀释和扩散)的 MODIS 卫星过境数据反演结果与 NASA MOD04_L2(10km×10km)、MOD04_3K(3km×3km)气溶胶产品进行对比验证,结果如图 3 所示。

从图 3 可以看出,三种反演结果在空间分布上具有高度的一致性,图中的 AOD 高值区走势基本一致。以 MOD04 产品作为参照,对反演结果的空间分布进行分析。本文任意选取同一时次、同一区域(取相同经纬度)三种结果的 AOD 值进行统计分析(结果如表 1 所示),可以看出,反演结果与 MOD04_L2 产品的平均绝对误差约为 0.06,与 MOD04_3K 平均绝对误差在 0.03 左右,误差均小于 0.1;与 MOD04_3K 平均误差小于与 MOD04_L2 产品的平均误差,这是因为 MOD04_L2 产品考虑的是 10km×10km 空间范围内的所有像元,而 MOD04_3K 产品则考虑 3km×3km 区域内的像元。本文反演结果的空间分辨率为 1km×1km,明显优于 MOD04_L2 和 MOD04_3K 产品。

表 1　本文反演结果与 MOD_L2 产品、MOD04_3K 产品统计对比分析

日期	过境时间	经纬度	反演值	NASA 10 km 产品	NASA 3 km 产品	|反演值 −10 km 产品|	|反演值 −3 km 产品|
2014.09.05	11:05	114.82,38.34	1.525	1.565	1.487	0.04	0.038
		114.61,37.77	1.249	1.333	1.265	0.084	0.016
		114.01,37.57	0.212	0.215	0.214	0.003	0.002
2015.04.20	11:35	115.33,38.52	1.630	1.598	1.638	0.032	0.008
		115.74,38.53	1.112	1.164	1.148	0.052	0.036
		115.45,38.12	1.203	1.225	1.221	0.022	0.018
2015.05.23	10:40	114.49,37.32	1.538	1.508	1.521	0.03	0.017
		115.08,38.78	0.988	1.088	1.039	0.1	0.051
		114.52,37.11	1.531	1.437	1.572	0.094	0.041

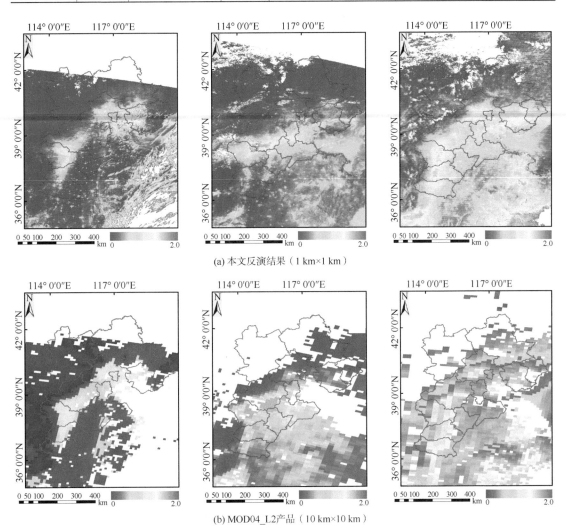

(a) 本文反演结果（1 km×1 km）

(b) MOD04_L2产品（10 km×10 km）

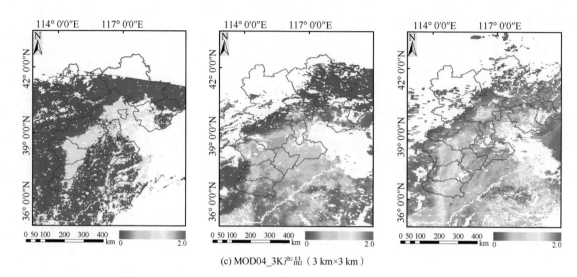

(c) MOD04_3K产品（3 km×3 km）

图 3　2014 年 9 月 5 日 11:05 时、2015 年 4 月 20 日 11:35 时、2015 年 5 月 23 日 10:40 时
本文反演结果(a)、MOD_L2 产品(b)、MOD04_3K 产品(c)对比

3.3　AOD 反演结果与 $PM_{2.5}$、PM_{10}浓度统计分析

为了进一步说明利用 MODIS 数据反演的光学厚度 AOD 在京津冀地区的适用性及合理性,本文将反演结果与卫星过境最为接近的河北省环境监测站的整点数据($PM_{2.5}$、PM_{10})进行分析[16~18],2014 年 9 月 5 日 11:00 时、2015 年 4 月 20 日 11:00 时、2015 年 5 月 23 日 11:00时三个时次的 $PM_{2.5}$、PM_{10}污染物浓度等级的空间分布情况如图 4 所示。可以发现,$PM_{2.5}$、PM_{10}污染物浓度等级的空间分布与 AOD 反演结果的空间分布具有较高的一致性,因此,利用 MODIS 反演气溶胶光学厚度空间分布在一定程度上反映了该地区污染物浓度($PM_{2.5}$、PM_{10})的空间分布情况。

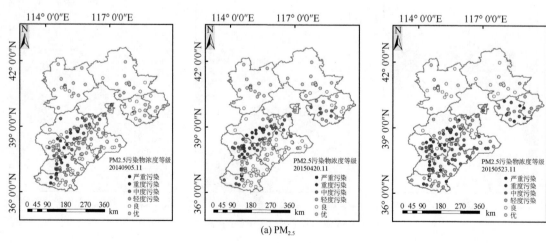

(a) $PM_{2.5}$

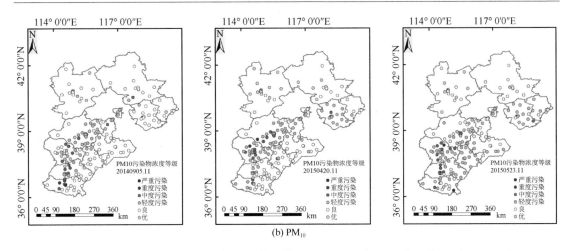

(b) PM₁₀

图4　2014 年 9 月 5 日 11：00 时、2015 年 4 月 20 日 11：00 时、2015 年 5 月 23 日 11：00 时
三个时次的 PM₂.₅（a）、PM₁₀（b）污染物浓度等级的空间分布

　　为了证实两者的相关性，选取 2015 年 3 月 20 日～2015 年 5 月 31 日石家庄站 CE-318 太阳光度计数据与最为接近的环境监测 PM₂.₅、PM₁₀ 数据进行线性拟合，对首要污染物为 PM₂.₅、PM₁₀ 分别进行拟合分析，如图 5 所示。从图 5 可以看出，AOD 与 PM₂.₅ 和 PM₁₀ 总体上有一定的相关性，相关系数 R 分别为 0.737 和 0.709，AOD 与 PM₂.₅ 的相关性略高于与 PM₁₀ 的相关性。基于此研究，可以利用 MODIS 反演的京津冀地区气溶胶光学厚度 AOD 估算该区域内 PM₂.₅ 和 PM₁₀ 的质量浓度。由于卫星遥感获取的气溶胶光学厚度 AOD 是整层大气内气溶胶粒子消光系数在垂直方向上的积分，环境监测站测量的 PM₂.₅、PM₁₀ 颗粒物质量浓度只能代表近地面的污染物含量。两者的相关关系主要受到气溶胶垂直分布和气溶胶粒子的吸湿增长特性等因素的影响[19-20]。

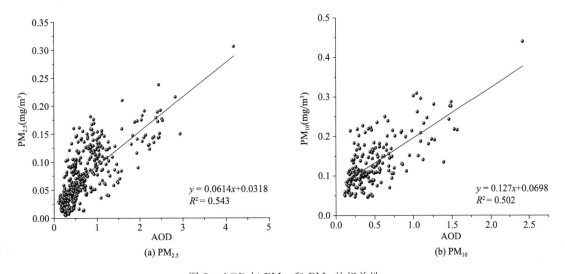

图 5　AOD 与 PM₂.₅ 和 PM₁₀ 的相关性

4　结论

本文利用 MODIS 1B 数据,引入深蓝算法反演了京津冀地区气溶胶光学厚度,并通过石家庄站 CE-318 地面实测数据和 NASA 发布的 MOD04_L2、MOD04_3K 气溶胶产品分别对反演算法进行了精度检验。最后,还利用河北省环境监测站测量的 $PM_{2.5}$、PM_{10} 污染物质量浓度对算法在该地区的适用性进行了分析。具体结论总结如下:

(1)对比分析 MODIS 反演的 AOD 结果与同一时次下石家庄站 CE-318 太阳光度计 550nm AOD 值,发现两者的平均绝对误差在 0.08 左右,且两者之间具有很高的相关度,R^2 =0.937。

(2)本文反演的结果与 NASA 发布的气溶胶产品(MOD04_L2、MOD04_3K)相比,其空间分辨率提高至 1km×1km,且反演精度较高,能够更好地反映该区域气溶胶光学厚度空间分布及变化规律。

(3)统计分析 AOD 与 $PM_{2.5}$ 和 PM_{10} 的相关性发现,AOD 与 $PM_{2.5}$ 和 PM_{10} 的相关系数 R 分别为 0.737 和 0.709,可以利用 MODIS 反演的京津冀地区气溶胶光学厚度估算该区域内 $PM_{2.5}$ 和 PM_{10} 的质量浓度,以弥补地面站点密度的不足。随着数据量的不断积累,未来的工作将考虑气溶胶垂直分布和相对湿度的影响,从而对区域拟合模型进行垂直订正和湿度订正。

参考文献

[1] Loeb N,Kato S. Top-of-atmosphere direct radiative effect of aerosols over the tropical oceans from the Clouds and the Earth's Radiant Energy System(CERES)satellite instrument. *Journal of Climate*,2002,**15**(12):1474-1484.

[2] Levy R C,Remer L A,Mattins J V,et al. Evaluation of the MODIS Aerosol Retrievals over Ocean and Land during CLAMS. *J. Atmos. Sci*,2005,**62**(4):974-992.

[3] Levy R C,Mattoo S,Munchak L A,et al. The Collection 6 MODIS aerosol products over land and ocean. *Atmos. Chem. Phys*. 2013,**6**:2989-3034.

[4] 张小强. 基于 MODIS 数据的城市地区气溶胶光学厚度遥感反演研究. 兰州:兰州大学,2009:1-60

[5] 赵秀娟,陈长和,张武,等. 利用 MODIS 资料反演兰州地区气溶胶光学厚度. 高原气象,2005,**24**(1):97-103.

[6] 黄健,李菲,邓雪娇,等. 珠江三角洲城市地区 MODIS 气溶胶光学厚度产品的检验分析. 热带气象学报,2010,**26**(5):526-532.

[7] 徐梦溪,许宝华,郑胜男,等. 基于 MODIS 卫星遥感数据的大气气溶胶光学厚度优选反演方法. 南京工程学院学报(自然科学版),2013,**11**(2):1-7.

[8] 孙林. 城市地区大气气溶胶遥感反演研究. 北京:中国科学院遥感应用研究所,2006:1-110.

[9] 李成才,毛节泰,刘启汉,等. 利用 MODIS 研究中国东部地区气溶胶光学厚度的分布和季节变化特征. 科学通报,2003,**48**(19):2094-2100.

[10] 施成艳,江洪,江子山,等. 上海地区大气气溶胶光学厚度的遥感监测. 环境科学研究,2010,**23**(6):680-684.

[11] 王中挺,王红梅,厉青,等. 基于深蓝算法的 HJ-1 CCD 数据快速大气校正模型. 光谱学与光谱分析,

2014,**34**(3):729-734.

[12] 吕阳.地基数据支持的 MODIS 气溶胶光学厚度反演研究.山东:山东科技大学,2010:1-62.

[13] 王新强,杨世植,朱永豪,等.基于 6S 模型从 MODIS 图像反演陆地上空大气气溶胶光学厚度.量子电子学报,2003,**20**(5):629-634.

[14] 赵春江,宋晓宇,王纪华,等.基于 6S 模型的遥感影像逐像元大气纠正算法.光学技术,2007,**33**(1):11-15.

[15] 冉凡坤.基于 HJ 卫星的北京市气溶胶光学厚度遥感反演.北京:中国地质大学,2014:1-63.

[16] 陈良富,陈水森,钟流举,等.卫星数据和地面观测结合的珠三角地区颗粒物质量浓度统计估算方法.热带地理,2015,**35**(1):7-12.

[17] 陈辉,厉青,王中挺,等.利用 MODIS 资料监测京津冀地区近地面 $PM_{2.5}$ 方法研究.气象与环境学报,2014,**30**(5):27-37.

[18] 李成才,毛节泰,刘启汉,等.利用 MODIS 光学厚度遥感产品研究北京及周边地区的大气污染.大气科学,2003,**27**(5):869-880.

[19] 王子峰.卫星遥感估算近地面颗粒物浓度的算法研究.北京:中国科学院研究生院,2010:1-148.

[20] 孙夏,赵慧洁.基于 POLDER 数据反演陆地上空气溶胶光学特性.光学学报,2009,**29**(7):1772-1777.

FY-3 卫星分析四川芦山地震

钟儒祥[1]   黄志东[2]   朱爱军[3]

(1. 广东省生态气象中心 广州 510640;2. 广东省地震局,广州 510070;
3. 国家卫星气象中心,北京 100081)

摘　要:利用我国 FY-3 气象卫星资料,通过多种仪器亮温数据分析,对 2013 年四川芦山 Ms7.0 级地震进行了再研究. 结果表明,我国 FY-3 卫星星载多探测仪器特征,可用于立体监测地震多发区域,红外和微波亮温震区异常明显,能部分解释大地震前热红外异常等多种学说。说明 FY-3 卫星对地震预测具有一定的实用性和参考作用。

关键词:FY-3 气象卫星,四川芦山;7.0 级地震;热红外遥感;亮温变化;大气变化

1　引言

2013 年 4 月 20 日 08 时 02 分在四川省雅安市芦山县发生 Ms7.0 级地震,该次地震位于龙门山断裂带南段,震中距离 2008 年 5 月 12 日 14 时 28 分汶川 Ms8.0 级地震震中约 85km。给四川造成大量的人员伤亡和经济损失。

地震孕育和发展过程中有"热"释放,因此可以用卫星遥感技术来监测地震区域热场的变化,前人通过卫星热红外遥感对地震前增温异常进行了大量研究,利用卫星热红外遥感和微波遥感技术能够探测大范围连续的近地表热场变化,为开展地震短临预测研究提供了新的技术途径和广阔的应用前景[1~11]。FY-3 气象卫星是我国新一代极轨气象卫星,具有多探测器,立体监测能力,包括红外和微波探测,同时红外探测空间分辨率较静止气象卫星高,本文探讨用 FY-3 卫星资料,对芦山地震进行分析,探讨遥感技术在地震监测预报研究中的运用。

2　FY-3 卫星及数据处理

2.1　FY-3 卫星简介

FY-3 卫星是一个综合性的地球环境探测卫星,星上有 11 个探测器,可实现全球、全天候、三维定量遥感[12]。可见光红外扫描辐射计(VIRR),具有 NOAA 卫星相似的红外通道特性,热红外研究结果与 NOAA 研究结果有可比性;中分辨率光谱成像仪,第四通道为红外(中心波长 0.865 μm)空间分辨率 250 m;微波湿度计(MWHS)可立体监测大气。

2.2　数据处理及相关依据

根据中国地震台网中心资料(图 1),本次地震震中附近 100 km 范围内 1900 年以来曾发

生 5 级以上地震 12 次,其中 6~6.9 级地震 3 次,最大即为 2008 年汶川 8.0 级地震。因此,选取资料范围以本次地震震中 30.3°N,103°E 为中心 300 km×300 km 范围,有效范围 28.8°~31.8°N,101.5°~104.5°E;选取研究时间为 2013 年 4 月 5 日至 2013 年 5 月 5 日,即地震前后各半月。分析主要用到 FY-3 卫星 VIRR 及 MWHS 亮温(TBB)资料。

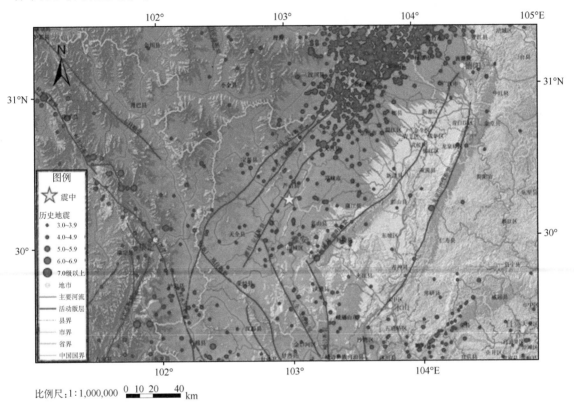

图 1   主震震中位置及历史地震(来源:中国地震台网中心)

一般情况下 M_S>5 地震前均有较清晰的红外临震异常显示,低空大气—地面增温幅度显著,并表现出突发性和阶段性特征。异常大气的温室效应也是不可忽视的因素[1];首先是基本成因使地表局部区域温度逐渐升高,相对形成高温区,使地表水汽蒸发加快,形成高温低压区的气旋运动,在高空大量水蒸气遇冷凝结成云雨,使地表温度下降。但基本成因过程还在继续,可以解释多数大地震发生后为什么在其震中附近地区存在下大雨或下大雪等自然现象[4]。因此利用 FY-3 卫星的资料优势,研究红外异常及大气异常。

FY-3 卫星数据,经预处理、投影、拼图、裁切、增强、合成及算法处理,得出监测产品。本研究采取以震中为中心研究,这样可实用化监测地震区域,数据处理主要以该区域亮温平均值时序变化,因为卫星热场为区域效应,这样消除地形等的影响;由于区域白天和夜晚地表辐射不同,因此将白天和夜晚分别处理分析,消除背景场不同及太阳辐射不同的影响,选取 FY-3A 星上午 10:30—12:00、晚上 22:00—23:30(除特别说明外,均为北京时 BJT)分别代表白天和晚上情况。同时采用亮温距平的方法,去除天气及季节变化的影响,效果更明显。根据以上介绍,热红外场主要由 VIRR 资料研究,同时用 MWHS 资料研究震区近地大气场变化,FY-3 卫星 VIRR 红外空间分辨率较静止卫星高,有利于小范围精细研究。

3　资料处理结果

3.1　地震前后热红外场变化过程

随着卫星遥感技术发展,关于强震前存在不同程度的"热震兆"现象,前人作了大量研究[1~11],本次四川芦山地震卫星红外场过程和特征如下:

图 2 显示地震前后一个月内,所选地震监测区域,红外热亮温总体趋势是由低到高再转低,在地震前后 4 月 17 日～4 月 22 日白天均为持续增温异常,最高增温接近 20℃(图 2b),这期间连续红外亮温均为正距平,说明比平均亮温均高;夜晚 4 月 16 日—4 月 22 日,除地震前夜(4 月 19日夜)为负距平外,也全为正距平,最高增温接近 25℃(图 2d),晚上亮温增温幅度高于白天,是否可解释为晚上人为活动减少,凸显地震辐射增温? 从亮温时序图可见,也有持续两天增温但没发生地震,而持续亮温距平为正 10℃以上,则易发生地震,对于地震后持续几天亮温正距平,是否与余震有关,均有待研究。说明亮温距平的方法更能监测地震前后的亮温异常升高。对于 4 月 19日夜突然降温,将在后面探讨。可以看出地震前后地表热红外异常增温明显。

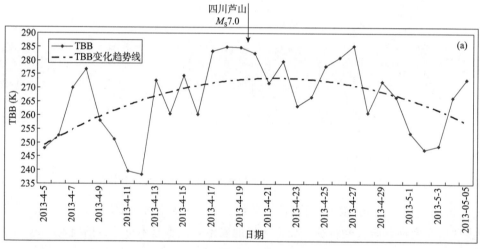

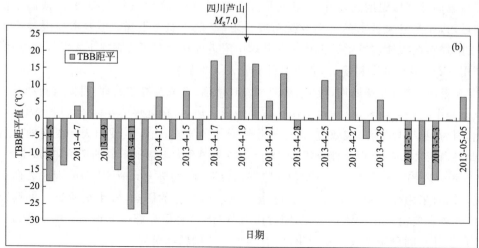

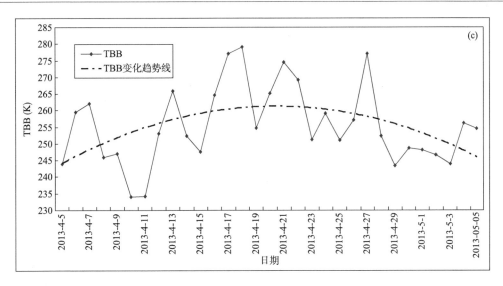

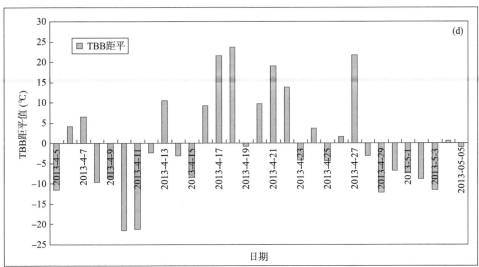

图 2　地震前后区域红外亮温时序图(区域范围:28.8°～31.8°N,101.5°～104.5°E)

(a)白天红外 TBB;(b)白天红外亮温距平;(c)夜晚红外 TBB;(d)夜晚红外亮温距平

3.2　地震前热红外场及大气场变化过程

　　进一步重点分析地震前半月的热红外场及大气场的变化,探讨临震预报信息。采用的方法是选取 4 月 5—20 日 FY-3 卫星资料进行研究。

　　图 3 显示,4 月 5—7 日连续三天均为升温,但从 5—6 日卫星图(图略)上可见研究区域大片云区,且亮温值低于 260 K,说明主要是云区影响监测,一般情况,亮温值低于 260 K 时不能反映地表热辐射,主要是云顶亮温[12~14],4 月 9—12 日的情况即为此类,这也是热红外监测地表热异常的局限性,但趋势线也反映 5—9 日是下降,从 10 日开始热红外上升趋势很快,且从距平图上,可见连续两天以上正距平,且最高增温超过 10℃ 以上,就迎来 20 日地震。晚上红外亮温分析结果相同(图略)。

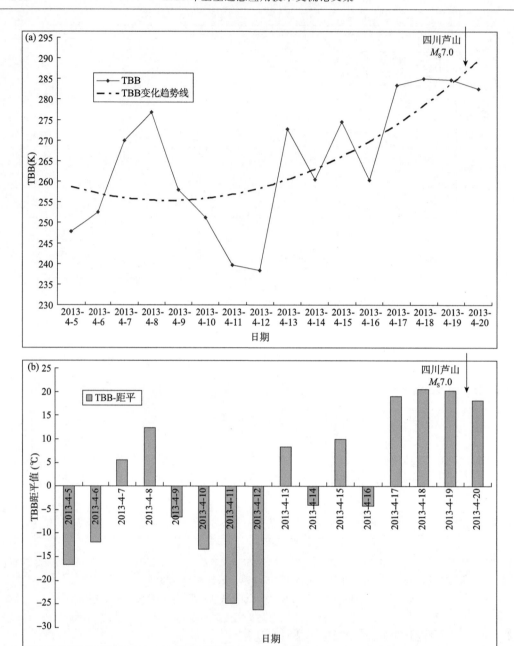

图 3 地震前区域红外亮温时序图(区域范围:28.8°~31.8°N,101.5°~104.5°E)

(a)白天红外 TBB;(b)白天红外亮温距平

再由微波湿度计亮温研究,地表热异常及近地层大气场。图 4 显示由微波亮温看地震前半月,地表热辐射趋势是持续增温,4 月 12 日白天的突然降温,也是由区域大片厚云引起(图略),有强对流时会出现,850 hPa 亮温较 1000 hPa 亮温高[14],可见整体上微波地表亮温受云层影响小于热红外辐射,从微波时序图可见,白天由于太阳辐射及人类活动,地表亮温略高于850 hPa 大气温度,对于监测区域为陆地,相反晚上地表亮温略低于 850 hPa 大气温度,同样说明微波监测地表及近地大气温度有一定优势,只是微波空间分辨率低于热红外;同样对于芦山地震前地表及大气监测,图4b、d微波亮温距平显示,本次地震前微波地表亮温及850 hPa大气亮温持续正距平值,临震信息更明显,因此热红外亮温配合微波亮温监测地震区域,提供临震信息更理想。

下面分析到底该区域哪些地方增温最强烈,采用的方法是地震前10天(10—14日)与地震前5天(15—19日)各5天各点红外亮温平均相比较,得到地震前红外异常区域图(图5),从区域图上可见,增温最强区域为地震最重区域,四川雅安附近。

以上红外、微波分析均显示,地震前近半月无论白天、夜晚,地震区域异常增温,进一步佐证了徐秀登等研究的结果:一般情况下 $M_S>5$ 地震前均有较清晰的红外临震异常显示,低空大气—地面增温幅度显著[1]。

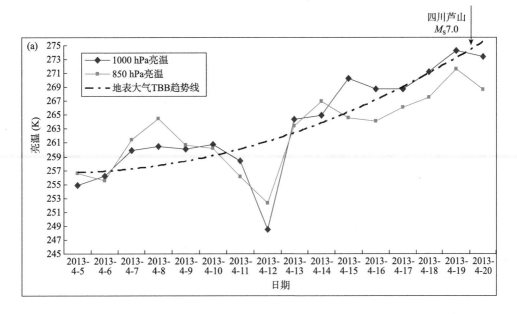

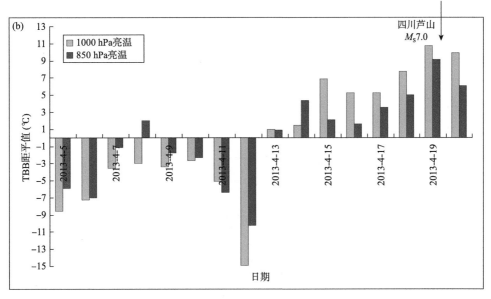

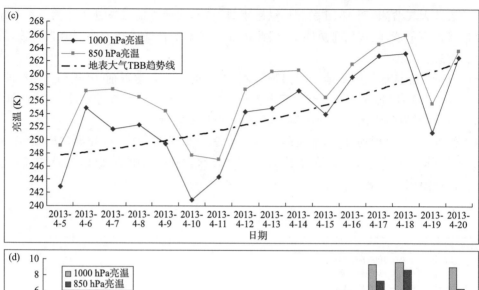

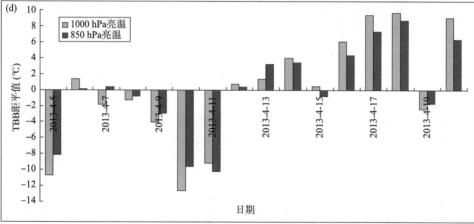

图 4　地震前区域微波亮温时序图(区域范围:28.8°～31.8°N,101.5°～104.5°E)

(a)白天微波 TBB;(b)白天亮温距平;(c)夜晚微波 TBB;(d)夜晚亮温距平

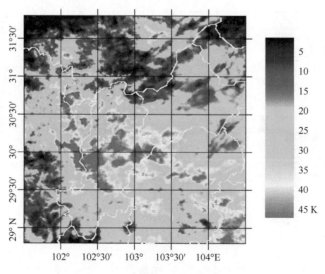

图 5　地震前热红外异常区域图

3.3 地震前后大气场变化

"地球放气温室效应"等学说及张元生等的联合成因机理[4],都涉及大气温度和湿度变化,而 FY-3 卫星的微波湿度计其自身的特点,当晴空时其亮温反映大气不同高度的温度,当云雨天气时其亮温能很好地反映大气不同高度的湿度。从图 2 知四川芦山地震前三天不论白天夜晚都是持续增温,但 19 日晚突然异常低温,20 日又是高温,分析如下。

图 6,FY-3 卫星云图显示,地震前一天的 19 日白天,震区天气晴好,只有少量低云,地震发生的当天 20 日上午,也是天气晴好,但 19 日晚 22:38 的卫星云图,震区及东北突然生成有大量低中云,导致该区域红外亮温异常降低。

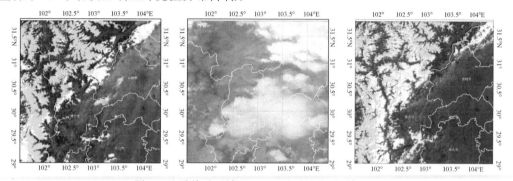

图 6　地震前后区域 FY-3 卫星可见光、红外云图

图 7 是 FY-3 卫星微波计亮温图。一般说来,在一定范围,微波亮温越低湿度越大。图 7

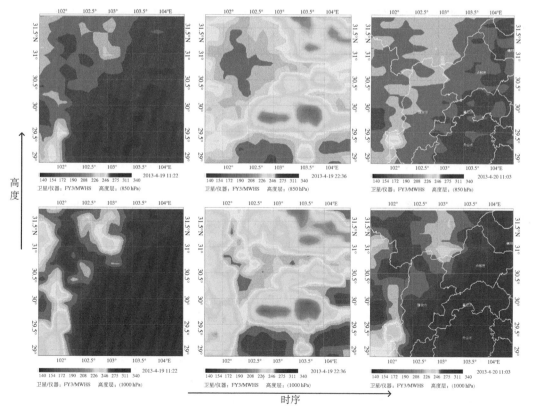

图 7　地震前后区域 FY-3 卫星微波亮温图

显示微波图上,无论是1000 hPa地表,还是850 hPa大气,震区内19日夜晚,湿度异常。从前后三个时次的卫星图分析,应为地气放出大量水蒸气等气象,联合成因导致的云雾及地表辐射降温。

通过以上分析,验证了"地球放气温室效应"等学说;验证了张元生等的联合成因机理;同时验证大地震临震前,反而会短时异常降温。由于研究个例太少,有待进一步研究。

4　小结与讨论

(1)FY-3卫星红外、微波资料分析显示:四川芦山Ms7.0级地震,震前地表及低空大气异常增温显著。

(2)通过分析本次地震,验证了"地球放气温室效应"等学说;验证了张元生等的联合成因机理;同时验证了在大地震临震前,反而会短时异常降温。由于研究个例太少,有待进一步研究。

(3)FY-3卫星红外、微波综合监测地震多发区域地表、大气异常,对地震预测研究有实用性和参考作用。当红外亮温、微波亮温连续出现几天超过10℃以上正距平值时,发生了本次强震。

参考文献

[1]　徐秀登,徐向民.地震前红外异常的基本特征与成因机理.西北地震学报,2001,23(3):310-312.

[2]　强祖基,徐秀登,赁常恭.卫星热红外异常——临震前兆.科学通报,1990,35(17):1324-1327.

[3]　刘耀炜,牛安福,卢军.强震短期前兆异常特征物理分析和解释的研究进展.地震,2004,24(4):57-65.

[4]　张元生,郭晓,钟美娇,等.汶川地震卫星热红外亮温变化.科学通报,2010,55(3):904-910.

[5]　邓志辉,王煜,陈梅花,等.中国大陆几次强地震活动的卫星红外异常分析.地震地质,2003,25(2):327-337.

[6]　张璇,张元生,魏从信,等.四川芦山7级地震卫星热红外异常解析.地震工程学报,2013,35(2):272-277.

[7]　Gorny V I,Salman A G,Tronin A A,et al. The earth outgoing IR radiation as an indicator of seismic activity. *Proc. Acad. Sci USSR*,1988,**30**:67-69.

[8]　强祖基,徐秀登,赁常恭.临震卫星热红外异常与地面增温异常.科学通报,1991,**36**:291-294.

[9]　13 Tronin A A. Satellite thermal survey:A new tool for the study of seismoactive regions. *Int. J. Remote. Sens*,1996,**17**:1439-1455.

[10]　Tronin A A. Thermal IR satellite sensor data application for earthquake research in China. *Int. J. Remote. Sens*,2000,**21**:3169-3177.

[11]　张元生,沈文荣,徐辉.新青8.1级地震前卫星热红外异常.西北地震学报,2002,**24**:1-4.

[12]　杨军,等.新一代风云极轨气象卫星业务产品及应用 北京:科学出版社,2011,368pp.

[13]　董超华,章国材,邢福源,等.气象卫星业务产品释用手册.气象出版社,1999,4.214.

[14]　钟儒祥,等."2010.5.6"广东暴雨FY-3卫星资料综合分析。气象研究与应用,2010,**31**(2):

基于 FY-3A 卫星的 2013 年黑龙江省洪水监测分析[*]

郭立峰[1]　　殷世平[1]　　许佳琦[2]　　孙天一[3]

(1. 黑龙江省气象科学研究所,哈尔滨 150030;2. 东北农业大学,哈尔滨 150036;
3. 香港中文大学,中国香港 999077)

摘　要:本文介绍了 FY-3A/MERSI 数据的基本情况,以及 FY-3A/MERSI 在晴空和薄云下水体的有效识别方法——$(Vc_4 + Vg_4)/(Vc_3 + Vg_3)$ 方案,并应用于 2013 年松花江(黑龙江省境内)和黑龙江流域的洪水水情监测,选取了洪水前期、洪水高峰期、洪水下降期和洪水结束期 4 个时相的 FY-3A/MERSI 数据监测洪水水情变化,并进行水体识别及对比分析;同时,结合 GIS 技术按县市提取并统计洪水面积。结果表明,基于 FY-3A/MERSI 数据和 GIS 技术,能及时、准确地监测洪水水情变化,相关研究成果已在 ARCGIS 中建成模型,为洪水监测业务服务。

关键词:FY-3A;MERSI;洪水监测

1　引言

在各种各样的自然灾害中,洪涝灾害由于范围广、频度高、突发性强、损失大等特点,成为严重影响国民经济和人民生命财产安全的主要灾害之一。利用卫星遥感技术进行洪涝灾害的动态监测具有周期短、覆盖范围广、时间分辨率高等特点,可以快速提供洪涝区的淹没区域、范围、面积等动态变化信息,为政府及有关部门提供客观、及时、准确的监测信息,为防灾减灾决策提供客观的科学依据[1]。

我国目前用于洪水监测的遥感资料有 TM、SPOT、NOAA、MODIS、FY-3 系列等[2];TM和 SPOT 影像虽然具有多波段、多时相,分辨率适中等特点,但时间分辨率较低,扫描宽度较小,且数据非免费接收,不易获得大范围的同步监测资料;NOAA 卫星能昼夜获取信息,时间分辨率较高,但空间分辨率较低[3];MODIS 数据具有时间分辨率、空间分辨率、光谱分辨率、波段范围、辐射计算等优势,同时结合 GIS 技术在洪水灾害监测和洪水灾害评估与评价等方面得到越来越广泛的应用[4~8];FY-3A 是我国研发的首颗新一代高性能综合探测极轨气象卫星,与美国的气象与环境监测卫星 NPOESS、欧洲极轨气象卫星 METOP 等新一代卫星相当,其搭载的 MERSI 探测器所获得的 250 m 分辨率数据在波段数量和波谱范围均优于 MODIS的 250m 分辨率数据。黄永璘等[9]利用 FY-3A/MERSI 数据 1~5 通道进行典型地物光谱分析了典型地物在 MERSI 图像上的特点和水体识别模型,并对 2008 年 10 月南宁市发生的洪涝灾害进行监测;董小锐利用 FY-3A/MERSI 数据对佳木斯地区的水体变化进行了监测[10];张明洁等利用 FY-3A 数据对海南岛橡胶林台风灾害进行了监测[11]。

---

*　基金项目:国家软科学研究计划项目(2012GXS4B071)

本文利用 FY-3A/MERSI 的 250 m 分辨率数据结合 GIS 技术进行水体信息提取,计算水体面积,并与实际降雨量进行对比分析,对 2013 年夏秋季黑龙江省发生的洪水进行监测。

2　FY-3A/MERSI 传感器波段选择

FY-3A 上搭载的 MERSI 探测器是中分辨率光谱成像仪,其数据分辨率可达 250 m,通过接收设备可获得其观测资料,即时每天将可获得多次的中等分辨率的遥感数据,对洪涝灾害的动态监测非常有利。

FY-3A/MERSI 传感器通道数 20 个波段,光谱范围为 0.41~12.5 μm,其中 250 m 分辨率有 5 个波段,1000 m 分辨率有 15 个波段,扫描宽度为 ±55.4°,量化等级为 12 bit,主要用于真彩色图像合成、云、植被、陆地覆盖类型、水体等监测。本文主要利用 FY-3A/MERSI 的通道 3、通道 4 数据,即可见光通道和近红外通道数据进行水体信息提取,其性能参数见表 1[12]。

表 1　MERSI/250 m 主要性能参数

通道序号	中心波长(μm)	光谱带宽(μm)	空间分辨率(m)	噪声等效反射率 ρ(%)、温差(300 K)	最大反射率 ρ(%)、最大温度(K)
1	0.470	0.05	250	0.45	100
2	0.550	0.05	250	0.4	100
3	0.650	0.05	250	0.3	100
4	0.865	0.05	250	0.45	100
5	11.25	2.5	250	0.54K	330K

3　研究方法

3.1　数据来源与预处理

FY-3A/MERSI 遥感数据来源于中国气象局佳木斯气象卫星地面站实时接收,并利用光缆专线传输至黑龙江省气象科学研究所,同时利用卫星监测分析与遥感应用系统监测分析平台(SMART)对数据进行定标、投影、数据几何纠正等处理。

3.2　水体判识

洪涝灾害一般发生在晚春及夏秋季时分,此时地面的主要覆盖物是水体、植被和土壤,它们在可见光和近红外的反射光谱特性有着较大差异[13]。这是因为水体对 0.4~2.5 μm 电磁波的吸收明显高于绝大多数其他地物,其在近红外及中红外波段的反射能量很少,而植被和土壤在这两个波段吸收能量较小,这使得水体在这两个波段与植被和土壤有明显区别。

3.2.1　晴空下水体判识阈值的确定

FY-3A/MERSI 数据的第 3 波段是可见光波段,第 4 波段是近红外波段,可以基于水体在以上 2 个波段中反射特性的差异建立阈值。在第 3 波段图像上,水体的灰度值与周围陆地的灰度值相近,水陆边界不明显。而在第 4 波段图像上,陆地明显高于水体的灰度值,水陆边界十分明显。根据这一特点,可以分别对第 3 和第 4 两个波段设置阈值来提取 FY-3A/MERSI 图像中的水体信息。

利用 SMART 软件的人机交互方式进行水体判识,即确定区分水体、陆地的阈值后,计算机据此阈值对监测区域图像进行自动扫描判识。对判识出的水体可赋予特殊图形颜色以检查阈值是否合适,如有遗漏或误判情况,则对阈值进行修正,再作计算机水体判识,直至达到满意的判识结果。

3.2.2　薄云下水体判识

地表对太阳辐射的反射无法穿透较厚的云层,此时在通道 3 和 4 图像上看不到地表信息。而当云层较薄时,地表的反射辐射有一部分可透过云层,卫星传感器所接收到的信息中包括来自云和云下地表的信息。若水体被薄云覆盖,该区域的反射率值往往高于薄云附近晴空陆地的反射率。这时可通过通道 3、4 之间的比值计算,滤掉薄云信息的影响。这是因为植被和水在通道 3、4 波长范围对云层的透过率是相同的。用通道 4 除以通道 3,将会有效地消除薄云的反射率信息[1]。

对于薄云覆盖区域,卫星传感器获得的反射率包括云和陆地。即 $Vsi = Vci + Vgi$,这里 Vsi 为通道 i 的反射率,Vci 为云反射率,Vgi 为陆地反射率,因而对于通道 4 和通道 3 的比值 R_{43} 为:

$$R_{43} = (V_{c_4} + V_{g_4})/(V_{c_3} + V_{g_3})$$

对于水体:

$$R_{43(w)} = (V_{c_4} + V_{g_{4(w)}})/(V_{c_3} + V_{g_{3(w)}})$$

对于陆地:

$$R_{43(L)} = (Vc_4 + Vg_{4(L)})/(Vc_3 + Vg_{3(L)})$$

根据水体、陆地的光谱特性:

$$V_{g_{3(L)}} < V_{g_{3(w)}}, V_{g_{4(w)}} < V_{g_{4(L)}}$$

因而

$$R_{43(L)} > R_{43(W)}$$

选取适当的阈值,将可以判识薄云下的水体,从而有效地消除薄云的影响,提取水体信息。

3.3　水体面积计算

通过在图像上附加经纬度、行政边界信息等土地利用信息,结合 GIS 技术,可以确定洪水影响的地理范围和所在的行政区域,计算某一行政区划内的洪水面积。

求水体面积即为计算等距经纬度投影图像中监测区域内被判识为水体的所有单个像素面积的总和[14]。先求出单个象元面积 ΔS:$\Delta S = Np \times Nl$(Np 为纬度方向距离,Nl 为经度方向距离)则水体面积为所有象素面积的总和:

$$S = \sum_{i=1}^{n} \Delta S_i$$

式中 i 为像素序号,n 为水体的总像素数。

计算出水体面积后,在 ARCGIS 中叠加洪水发生流域的县市境界数据进行空间分析,可以分别监测得到洪水发生流域内各县市的洪水面积的变化。

4　监测实例分析

2013 年入汛以来,受松花江、黑龙江流域连续降雨以及尼尔基、丰满水库泄洪,以及俄罗斯结雅河、布列亚河、毕河等境外来水等因素的影响,松花江(黑龙江省境内)和黑龙江干流水位持续上涨,水体面积明显扩大。其中 6 月 1 日~8 月 31 日,松花江干流流域平均降水量为460 mm,比常年偏多 29%,为 1961 年以来历史第 3 位(第 1 位为 1985 年,487.2 mm;第 2 位为 1994 年,477.4 mm),黑龙江流域平均降水量为 436 mm,比常年偏多 35%,为 1961 年以来历史第 3 位(第 1 位为 2009 年,448.7 mm;第 2 位为 1984 年,442.1 mm)[15]。本文以尽可能选择晴空或受薄云影响小的 FY-3A/MERSI 数据为原则,对松花江(黑龙江省境内)和黑龙江干流发生的洪水进行监测,并判识洪水水体,估算洪水面积。

4.1　松花江洪水水体判识与面积估算

本文选取了 2013 年 7 月 7 日 10 时(2013-07-07 T 10:00)、2013 年 8 月 25 日 10 时(2013-08-25 T 10:00)、2013 年 9 月 15 日 10 时(2013-09-15 T 10:00)和 2013 年 10 月 8 日09 时(2013-10-08 T 09:00)4 个时相的 FY-3A/MERSI 数据分别作为洪水前期、洪水高峰期、洪水下降期和洪水结束期监测松花江(黑龙江省境内)洪水水情变化情况并进行水体判识。

将洪水前期、高峰期、下降期和结束期 4 个时相的松花江(黑龙江省境内)洪水的 FY-3A/MERSI 卫星遥感监测数据进行水体判识,并将 4 个时相的水体判识结果进行对比分析(如图1)。图 1a 中洪水前期与高峰期的对比可见,洪水发生后松花江(黑龙江省境内)干流河道变宽,水体扩大明显,尤其是上游和下游干流河道水体扩大明显,图中红色部分为洪水扩大范围。洪水下降期与高峰期的对比可见,松花江(黑龙江省境内)部分江段在下降期洪水淹没范围开始缩小,但大部分江段水体无明显变化(如图 1b 中黄色部分为缩小的水体,蓝色部分为无变化的水体)。洪水结束期与下降期的对比可见,松花江(黑龙江省境内)大部分江段的河道变窄,水体缩小,洪水淹没范围也已经缩小(如图 1c 中黄色部分)。洪水结束期与洪水前期对比可见,松花江中下游的水体面积比洪水发生前缩小了(如图 1d 中黄色部分),但是在上游部分江段和下游与黑龙江汇合处水体面积比洪水前期扩大明显(如图 1d 中红色部分),洪水过后的影响仍在。

以松花江哈尔滨段为例,将洪水前期(2013-07-07 T 10:00)与高峰期(2013-08-25 T10:00)的水体判识结果进行对比分析(如图 2),并估算洪水面积。由图 2 可见,在洪水高峰期,松花江哈尔滨段上游和中游河道变宽,洪水面积扩大明显,尤其是在双城、哈尔滨城区和宾县段洪水面积扩大尤为明显。表 2 为洪水前期与高峰期松花江哈尔滨段水域主河道及周边水域面积的计算结果和期间的降水量,通过对比可见,在洪水高峰期该江段主河道及周边水域面积达 1720.09 km²,比洪水前期监测到的水域面积增加了 639.30 km²,其中双城、哈尔滨城区和宾县的水域面积增幅最大,分别为 141.01 km²、120.54 km² 和 132.47 km²。2013 年 7 月 7日—8 月 25 日期间,松花江哈尔滨段流域各县市总降水量为 2484.4 mm,其中除哈尔滨市区和呼兰区降水量在 200 mm 以下以外,其他地区降水量均在 200 mm 以上,尤其是木兰县达到404.6 mm,可见,较大的降水量是导致松花江哈尔滨段洪水面积变大的原因之一,使松花江哈尔滨段(警戒水位 118.1 m)最高水位达到 119.49 m,超警戒水位 1.39 m。

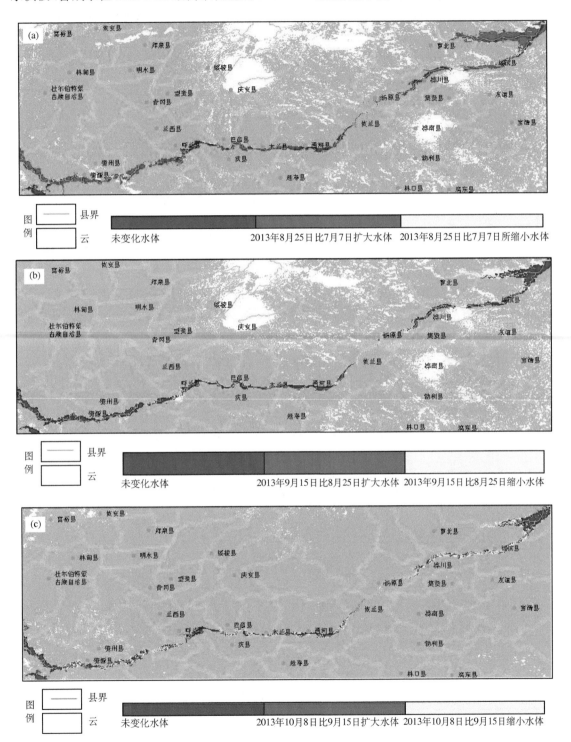

图 1　2013 年 4 个时相的松花江洪水水体面积遥感监测变化对比图

(a)2013-07-07 T 10:00 与 2013-08-25 T 10:00 对比;(b)2013-08-25 T 10:00 与 2013-09-15 T 10:00 对比;

(c)2013-09-15 T 10:00 与 2013-10-08 T 09:00 对比;(d)2013-10-08 T 09:00 与 2013-07-07 T 10:00 对比

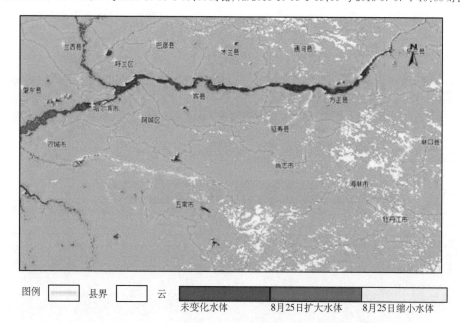

图 2　2013 年 7 月 7 日与 8 月 25 日松花江哈尔滨段水体遥感监测变化对比图

表 2　2013 年 7 月 7 日与 8 月 25 日松花江哈尔滨段水域面积对比

地区	2013 年 8 月 25 日	2013 年 7 月 7 日	增加的水体面积(km²)	7 月 7 日—8 月 25 日降水量(mm)
阿城区	60.00	41.80	18.20	206.0
巴彦县	93.34	30.80	62.54	277.6
宾县	193.34	60.87	132.47	267.7
方正县	166.68	140.41	26.27	214.6
哈尔滨市	220.01	99.47	120.54	187.6
呼兰区	233.35	203.68	29.67	187.9
木兰县	120.01	102.34	17.67	404.6

续表

地区	2013 年 8 月 25 日	2013 年 7 月 7 日	增加的水体面积(km²)	7 月 7 日—8 月 25 日降水量(mm)
双城市	180.01	39.00	141.01	280.4
通河县	373.35	291.75	81.60	219.8
依兰县	80.00	70.67	9.33	238.2
合计	1720.09	1080.79	639.30	2484.4

4.2 黑龙江洪水水体判识与面积估算

本文选取了 2013 年 7 月 15 日 09 时(2013-07-15 T 09:00)、2013 年 8 月 21 日 09 时(2013-08-21 T 09:00)、2013 年 9 月 12 日 10 时(2013-09-12 T 10:00)和 2013 年 10 月 8 日 09 时(2013-10-08 T 09:00)4 个时相的 FY-3A/MERSI 数据分别作为洪水前期、洪水高峰期、洪水下降期和洪水结束期监测黑龙江洪水水情变化情况并进行水体判识。

将洪水前期、高峰期、下降期和结束期 4 个时相黑龙江的 FY-3A/MERSI 卫星遥感监测数据进行水体判识,并将 4 个时相的水体判识结果进行对比分析(如图 3)。其中,洪水前期与高峰期的对比可见,洪水发生后黑龙江呼玛至嘉荫段和萝北至抚远段的河道变宽,水体扩大明显,其中绥滨县洪水面积扩大明显并发生决口,抚远县黑瞎子岛水体变大,图 3a 中红色部分为洪水面积扩大范围。洪水下降期与高峰期的对比图可见,黑龙江呼玛至嘉荫段洪水面积扩大幅度变小;而萝北至抚远段在洪水下降期受黑龙江上游和中游洪峰的下行以及较大的降水量影响,洪水面积大幅增加,河道明显变宽,其中绥滨县决口处水体面积变大,抚远与同江交界处洪水面积明显扩大并发生决口,抚远县黑瞎子岛已完全被洪水淹没(如图 3b 中红色部分所示)。洪水结束期与下降期的对比可见,黑龙江大部分江段水体变小,河道变窄,其中绥滨县决口处、抚远与同江交界决口处和黑瞎子岛水体均明显变小(如图 3c 中黄色部分所示),但河道水体则无明显变化(如图 3c 中蓝色部分)。洪水结束期与洪水前期相比,黑龙江上游与中游的水体面积比洪水前期变小了(如图 3d 中黄色部分所示),但是在下游萝北至抚远段水体面积仍然比洪水前期扩大明显,河道变宽(如图 3d 中红色部分所示)。

以黑龙江洪水前期与高峰期的水体判识结果为例,进行对比分析,估算洪水面积。图 3a 中可见,在洪水高峰期,黑龙江呼玛至嘉荫段和萝北至抚远段水体扩大尤为明显,河道变宽。表 3 为洪水前期与高峰期黑龙江呼玛至嘉荫段和萝北至抚远段水域主河道及周边水域面积的计算结果,通过对比可见,在洪水高峰期该江段主河道及周边水域面积达 10288.38 km²,比洪水前期监测到的水域面积增加了 7142.56 km²,其中嘉荫、绥滨、同江和抚远的水体面积增幅最大,分别为 1100.52 km²、905.51 km²、1989.37 km² 和 1294.86 km²。2013 年 7 月 15 日—8 月 21 日期间,黑龙江呼玛至嘉荫段和萝北至抚远段流域各县市总降水量为 2342.6 mm,其中除抚远县降水量在 200 mm 以下以外,其他地区降水量均在 200 mm 以上,尤其是黑龙江中游黑河市、孙吴县和逊克县的降水量最多分别达 374.46 mm、379.6 mm 和 293.8 mm,较大的降水量是黑龙江中下游洪水面积扩大原因之一,同时使黑龙江呼玛(警戒水位 99.5 m)、黑河(警戒水位 96 m)、嘉荫(警戒水位 97 m)和萝北(警戒水位 97.8 m)段最高水位达到 100.51 m、97.62 m、100.88 m 和 99.85 m,分别超出警戒水位 1.01 m、1.62 m、3.88 m 和 2.05 m。

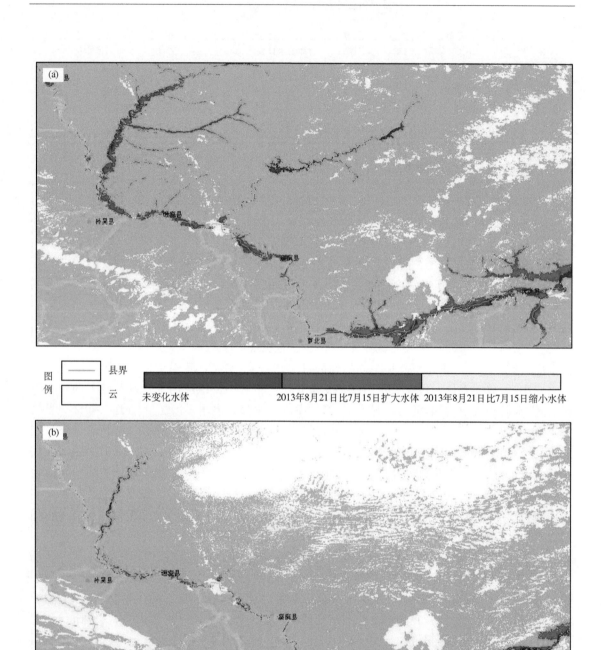

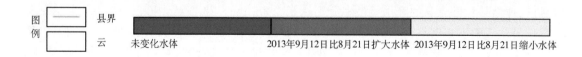

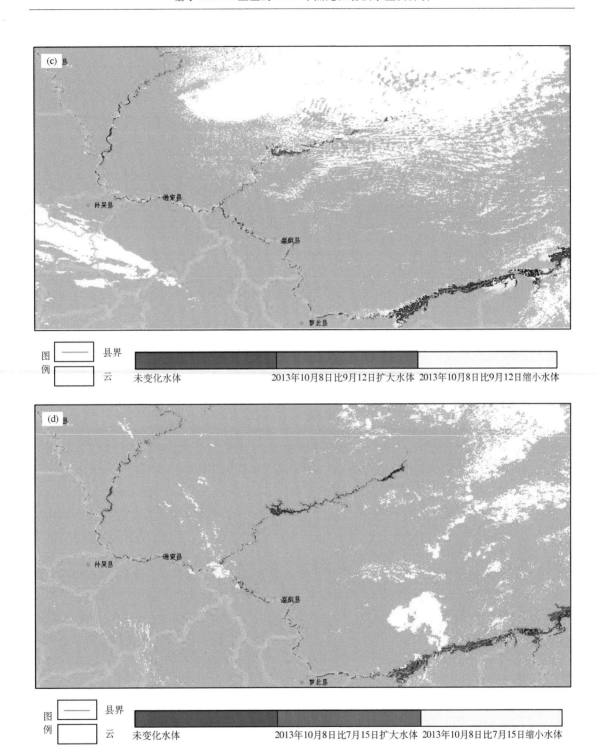

图 3　2013 年 4 个时相的黑龙江洪水水体面积遥感监测变化对比图

(a)2013-07-15 T 09:00 与 2013-08-21 T 09:00 对比;(b)2013-08-21 T 09:00 与 2013-09-12T 09:00 对比;
(c)2013-09-12 T 09:00 与 2013-10-08 T 09:00 对比;(d)2013-10-08 T 09:00 与 2013-07-15 T 09:00 对比

表3　2013 年 7 月 15 日与 8 月 21 日黑龙江部分段水域面积对比

地区	2013 年 8 月 21 日	2013 年 7 月 15 日	增加的水体面积(km²)	7 月 15 日—8 月 21 日降水量(mm)
呼玛	624.43	374.02	250.41	210.2
黑河	552.83	210.34	342.48	374.4
孙吴	281.95	44.14	237.81	379.6
逊克	1058.05	243.68	814.37	293.8
嘉荫	1416.67	316.15	1100.52	247.7
萝北	363.68	156.47	207.21	217.1
绥滨	1803.76	898.24	905.51	221.3
同江	2386.39	397.02	1989.37	262.7
抚远	1800.62	505.76	1294.86	135.8
合计	10288.38	3145.82	7142.56	2342.6

5　结论

本文收集并利用了 2013 年 7 月—10 月晴空或受薄云影响较小的 FY-3A/MERSI 的数据，以 2013 年夏秋季松花江(黑龙江省境内)和黑龙江干流特大洪水为例，选取了洪水前期、洪水高峰期、洪水下降期和洪水结束期 4 个时相的 FY-3A/MERSI 卫星遥感监测数据，对松花江(黑龙江省境内)和黑龙江干流的洪涝灾害进行动态监测，提取洪水信息，估算洪水面积，并结合降水量进行了对比分析。

分析结果表明利用 250m 分辨率的 FY-3A/MERSI 遥感数据，能准确、及时地开展大范围和长时间的监测洪涝灾害的变化发展情况。本文的水体信息提取方法不仅能有效地识别晴空条件下的水体，而且对薄云覆盖下的水体也有较好的识别效果，在一定程度上克服了洪水监测中可见光、红外传感器本身的缺憾，提高了 FY-3A/MERSI 数据的利用率；同时，为灾情快速评估提供依据，取得了较好的效果。研究成果业已以 ArcGIS 为平台，建成模型，为黑龙江省的防灾减灾业务服务。

本研究也存在一定的局限性，如数据质量和云雾遮挡问题。由于云雾量大，导致部分监测区域在某个时相受云雾覆盖，很难对目标区域进行洪水灾害的持续监测，而且也影响了对洪水淹没历时的统计。同时，由于 FY-3A/MERSI 数据是中分辨率的卫星遥感数据，在遥感监测精度方面有待提高。

参考文献

[1] 张树誉,李登科,李星敏,等.EOS/MODIS,资料在渭河洪涝动态监测中的应用.成都信息工程学院学报,2004,**19**(4):564-568.

[2] 张宏群,范伟,苟尚培,等.基于 MODIS 和 GIS 的洪水识别及淹没区土地利用信息的提取.灾害学,2010,**25**(4):22-26.

[3] 刘志明,晏明,逢格江.1998 年吉林省西部洪水过程遥感动态监测与灾情评估.自然灾害学报,2001,**10**(3):98-102.

[4] 秦年秀,姜彤.基于 GIS 的长江中下游地区洪灾风险分区及评价.自然灾害学报,2005,**14**(5):1-7.

[5] 殷世平,陈莉,郭立峰,等.黑龙江省农作物低温冷害与植被指数关系研究——2008 年与 2009 年案例对比分析.自然灾害学报,2014,**23**(5):239-245.

[6] 彭定志,郭生练,黄玉芳,等.基于 MODIS 和 GIS 的洪灾监测评估系统.武汉大学学报:工学版,2004,**37**(4):7-10.

[7] 张倩,李国庆,于文洋.基于 MODIS 数据的水体提取算法研究与实现.南水北调与水利科技,2009,**7**(3):51-54.

[8] 李纪人.GIS 在洪涝灾害监测评估中的应用.地理信息世界,2005,**3**(3):26-29.

[9] 黄永璘,农民强,孙涵.基于 FY-3A/MERSI 的洪涝灾害遥感监测初探.气象研究与应用,2009,**6**(2):59-61.

[10] 董晓锐.基于 FY-3/MERSI 的佳木斯地区水体变化遥感监测.黑龙江气象,2013,**30**(2):31-32.

[11] 张明洁,张京红,刘少军,等.基于 FY-3A 的海南岛橡胶林台风灾害遥感监测——以"纳沙"台风为例.自然灾害学报,2014,**23**(3):86-92.

[12] 杨军,董超华,卢乃锰,等.中国新一代极轨气象卫星—风云三号.气象学报,2009,**67**(4):501-509.

[13] 范伟,荀尚培,吴文玉.应用气象卫星 MODIS 识别薄云覆盖下的水体.大气与环境光学学报,2007,**2**(1):73-77.

[14] 周成虎,杜云艳,骆剑承.基于知识的 AVHRR 影像的水体自动识别方法与模型研究.自然灾害学报,1996,**5**(3):100-108.

[15] 那济海,潘华盛,张桂华,等.2013 年黑龙江省夏季降水异常偏多成因分析.黑龙江大学工程学报,2013,**4**(4):5-10.

基于 FY-3 卫星热红外数据的地表
温度反演方法研究[①]

李紫甜[2]　　鲍艳松[1]　　闵锦忠[1]　　王冬梅[3]　　严　婧[1]

(1. 南京信息工程大学气象灾害预报预警与评估协同创新中心,南京 210044;
2. 南宁市气象局,南宁 530029;3. 江苏省水利科学研究院,南京 210017)

摘　要: 使用中分辨率大气辐射传输模式 MODTRAN 模拟风云三号卫星(FY-3)热红外通道数据;基于模拟数据,利用分裂窗温度反演方法,建立地表温度反演模型。利用平均比辐射率方法确定像元比辐射率,并将该反演模型用于江苏省 3 个时次(2012 年 1 月 23 日、2 月 3 日和 2 月 11 日)的地表温度反演。将反演结果与 MODIS 的温度产品进行了对比分析,分析反演模型的系统偏差,并对反演模型进行修订。验证试验结果表明:修订后模型反演的地表温度与 MODIS 温度产品的平均相关系数为 0.877,均方根误差为 1.33 K;相比于同时期的 FY-3 温度产品,所建模型反演的地表温度与 MODIS 温度产品更为接近。

关键词: 风云三号卫星　地表温度　遥感反演

1　引言

地表温度(Land surface temperature,LST)是影响区域和全球尺度陆面过程的一个重要因子,是陆—气交界面通量计算的重要参数[1],直接决定地表的长波辐射[2],并间接影响潜热和显热通量[3~4]。它在农业、气象、水文、地质和全球模式中有着广泛的应用[5]。对于地球科学众多研究领域,获取大范围的高时空分辨率的地表温度资料至关重要。遥感探测技术可以获得大范围、时间连续的地表温度,能够准确地反映地表温度的时空分布[6]。因此,遥感地表温度反演对于地球科学众多领域的研究具有重要意义。

近年来,国内外对地表温度反演研究作了很多工作。大致可以分为单通道法[7~10]、多通道法[11~18](分裂窗算法)、多角度法[19~21]以及多通道和多角度相结合方法[22~24]。在这些方法中,基于 MODIS 资料的分裂窗算法研究最为广泛[25]。经过近 20 年的研究,Wan 等[26~30]提出了适用于 MODIS 数据的推广分裂窗方法,该方法应用于陆地区域,最高反演精度可达 1 K。

我国风云三号(FY-3)卫星上装载了可见光红外扫描辐射计(VIRR)和中分辨率光谱成像仪(MERSI),其资料可用于地表温度反演。目前,MODIS 的温度产品在海洋区域精度可达0.5 K,在陆地区域最高精度可达 1 K。相比于 MODIS 产品,我国的 FY-3 温度产品精度还有

①　国家重点基础研究发展计划(973 计划)资助项目(2013CB430101)、中国博士后科学基金资助项目(20090461131,201003596)和江苏高校优势学科建设工程资助项目(PAPD)

一定差距[31-33]。为提高 FY-3 地表温度反演精度,本文重点研究基于 FY-3A/VIRR 数据和 FY-3A/MERSI 数据的地表温度反演方法。使用 MODTRAN 大气辐射传输模式模拟 FY-3 热红外通道数据,利用分裂窗地表温度反演方法,构建基于 FY-3 数据的地表温度分裂窗反演模型。通过对比本研究的地表温度反演结果、FY-3 温度产品和 MODIS 温度产品,评价所建模型地表温度反演的精度。

2 数据与方法

2.1 研究区和数据集

为研究基于 FY-3 资料的地表温度反演方法,选择江苏省为研究区,位于 $116°18'\sim121°57'$E,$30°45'\sim35°20'$N。研究区以平原为主,江南和北部有少许山地,其主要地表类型有草地、永久湿地、农用地、农用地/自然植被、稀疏植被、水体、常绿针叶林、常绿阔叶林、落叶针叶林、落叶阔叶林、混交林、稠密灌丛、稀疏灌丛、城市和建筑区,基本涵盖 MODIS 分类产品 MCD12Q1/IGBP 全球植被分类的 17 类地型。

研究中选用江苏省 2012 年 1—2 月云覆盖度较低的 3 个时次(2012 年 1 月 23 日、2 月 3 日和 2 月 11 日)FY-3 L1 级数据作为地表温度反演的数据源。为检验地表温度反演的精度,下载了 MODIS 温度日产品 MOD11A1 和国家卫星气象中心的 FY-3 VIRR 温度日产品。同时,收集了 2011 年 MODIS 地表分类产品 MCD12Q1 中的 IGBP 全球植被分类信息,作为反演中的辅助数据;该数据将地表分为 17 类。

FY-3 卫星是我国第二代极轨气象卫星,星上装载了 11 个遥感传感器,可实现地表参数反演、大气状态探测和空间环境监测。由于仪器的良好性能,FY-3 卫星已被世界气象组织纳入全球业务气象卫星观测网。FY-3 卫星上装载的可见光红外扫描辐射计 VIRR(Visible and in-frared radiometer)4 和 5 通道的波长范围为 $10.3\sim11.3$ μm 和 $11.5\sim12.5$ μm,图像空间分辨率为 1 km;装载的中分辨率光谱成像仪 MERSI(Medium resolution spectral imager)第 5 通道的中心波长为 11.25 μm,图像空间分辨率为 250 m(表 1)。这些通道都位于热红外波段,可用于陆地和海洋表面温度反演。

表 1 FY-3 VIRR 和 MERSI 热红外通道参数

参数	MERSI5 通道	VIRR4 通道	VIRR5 通道
中心波长(μm)	11.25	$10.3\sim11.3$	$11.5\sim12.5$
光谱带宽(μm)	2.5		
空间分辨率(m)	250	1100	1100
噪声等效温差(K)	150	60	60
动态范围(K)	180—330	180—330	180—330

2.2　数据预处理

2.2.1　FY-3 数据预处理

FY-3 VIRR 红外通道亮温的计算包括 4 个步骤：

（1）星上线性定标公式为

$$N_{LIN} = S_c C_E + O_f \tag{1}$$

式中，N_{LIN}——利用星上定标系数计算的辐亮度，$mW/(m^2 \cdot cm^{-1} \cdot sr)$；$S_c$——增益；$O_f$——截距；$C_E$——FY-3/VIRR 传感器记录的数值。

S_c 和 O_f 分别存放在 FY-3/VIRR L1 级数据的文件属性"Emissive_Radiance_Scales"及"Emissive_Radiance_Offsets"中。"Emissive_Radiance_Scales"及"Emissive_Radiance_Offsets"分别有 3 列数据，依次对应 3、4、5 通道；每一列不同行的数据对应着不同的扫描线。

（2）辐亮度非线性订正公式为

$$N = b_0 + (1 + b_1) N_{LIN} + b_2 N_{LIN}^2 \tag{2}$$

式中，N——非线性订正后的辐亮度；b_0、b_1、b_2——订正系数。

订正系数由地面定标试验获取，存放在文件属性"Prelaunch_Nonlinear_Coefficients"中，共有 12 个数值，前 9 个数值分别对应 CH3 的 b_0、b_1、b_2，CH4 的 b_0、b_1、b_2 和 CH5 的 b_0、b_1、b_2。

（3）计算有效黑体温度，所用 Plank 公式为

$$T_{BB}^* = c_2 \nu_c / \ln(1 + (c_1 \nu_c^3 / N)) \tag{3}$$

其中，$c_1 = 1.1910427 \times 10^{-5} \ mW/(m^2 \cdot sr \cdot cm^{-4})$；$c_2 = 1.4387752 \ cm \cdot K$。

式中，T_{BB}^*——有效黑体温度，K；ν_c——地面标定得到的红外通道中心波数，cm^{-1}。

红外通道的中心波数存放在文件属性"Emissive_Centroid_Wave_Number"中，其中第 2、3 个数值分别对应通道 4、5 的中心波数。

（4）计算黑体温度，即热红外通道的亮温，公式为

$$T_{BB} = (T_{BB}^* - A)/B \tag{4}$$

式中，T_{BB}——黑体温度，（单位：K）；A、B——常数，每个红外通道有一组，存放在文件属性"Emissive_BT_Coefficients"中。

FY-3A/MERSI L1 数据中科学数据集 EV_250_Aggr.1KM_Emissive 存放的是红外辐亮度，将它转换成黑体温度可分两步：首先，以 875.1379 cm^{-1} 为中心波数，使用式（3），进行有效黑体温度 T_{BB}^* 计算；然后将 T_{BB}^* 转换为黑体温度 T_{BB}，即

$$T_{BB} = A T_{BB}^* + B \tag{5}$$

其中，$A = 1.0103$，$B = -1.8521$。

由于 FY-3 数据包含每个像元的经纬度信息，使用 ENVI 软件的 GLT（Geographic lookup table）功能，对 FY-3 图像进行几何纠正，转换成 WGS-84 坐标系、Lambert Conformal Conic 投影下的影像数据。

2.2.2　MODIS 数据预处理

对 MODIS 地表温度产品 MOD11A1 乘以定标系数 0.02，得到地表温度。使用 MODIS 数据处理软件 MRT（MODIS reprojection tool）对 MODIS 图像数据进行几何校正和拼接，得到 WGS-84 坐标系、Lambert Conformal Conic 投影下的影像数据。

2.3 地表温度反演模型构建

根据局地分裂窗算法,地表温度 T_s 可以表达为两个热红外通道亮温的函数($i=1$ 和 $i=2$):

$$T_s = A_0 + P(T_1 + T_2)/2 + M(T_1 - T_2)/2 \tag{6}$$

$$P = 1 + \alpha(1-\varepsilon)/\varepsilon + \beta\Delta\varepsilon/\varepsilon^2 \tag{7}$$

$$M = \gamma' + \alpha'(1-\varepsilon)/\varepsilon + \beta'\Delta\varepsilon/\varepsilon^2 \tag{8}$$

$$\varepsilon = (\varepsilon_1 + \varepsilon_2)/2 \tag{9}$$

$$\Delta\varepsilon = \varepsilon_1 - \varepsilon_2 \tag{10}$$

式中,T_1、T_2——热红外通道 1、2 的亮温(K);ε_1、ε_2——热红外通道 1、2 的地表比辐射率;A_0、P、M——局地分裂窗系数,A_0 是与大气状况有关的系数,P 和 M 可以表达为两个通道的波段比辐射率 ε_1 和 ε_2 的函数;ε——热红外通道的平均比辐射;$\Delta\varepsilon$——热红外通道的比辐射率之差;α、β、γ'、α'、β'——常数。

常数可以通过最佳拟合获得。本文利用 SPSS 软件中的多元逐步回归功能拟合得到以上几个系数。

MODTRAN(中分辨率大气辐射传输模式)是美国空军研究实验室开发的产品,可用于模拟大气顶接收到的地球大气系统辐射,其光谱分辨率可达到 2 cm^{-1}。MODTRAN 提供了各种模式大气模型参数的选择输入,用户只要提供地表温度、地表比辐射率以及传感器的通道响应函数,即可模拟出卫星观测数据。由于试验区位于中纬度,试验时间为冬季,使用 MODTRAN 大气辐射传输模式,模拟中纬度冬季不同地表条件下的一组 FY-3 热红外通道(VIRR4、VIRR5 和 MERSI5)亮温数据。不同地表条件可通过改变 MODTRAN 输入参数来实现,输入数据包括:11 组地表温度,取值范围为[267.2 K,292.2 K],取样间隔为 2.5 K;5 组平均比辐射率,取值范围为[0.9,1],取样间隔为 0.02;9 组比辐射率扰动,取值范围为[-0.016,0.016],取样间隔为 0.004。将模拟的 VIRR4 和 VIRR5 组合作为一组,VIRR4 和 MERSI5 组合作为另一组,结合输入的地表温度和比辐射率,基于式(6)—式(10),利用数学分析软件 SPSS 中的多元逐步回归功能进行最小二乘拟合,分别拟合分裂窗算法中的 A_0、α、β、γ'、α'、β' 等 6 个参数,得到基于 FY-3 数据的地表温度反演模型。

2.4 地表比辐射率确定

Wan[34]的研究表明,利用分裂窗算法反演地表温度时,采用平均比辐射率方法,可以得到较高的反演精度(精度可达 1 K)。因此,利用平均比辐射率的方法,确定各类地表的比辐射率。由于 FY-3 VIRR 和 MERSI 热红外通道特征与 MODIS 热红外通道设置类似,参考蔡国印等[35,36]有关地表比辐射率的研究成果,确定研究区各类地表 3 个波段比辐射率范围,并取平均值作为此类地表平均比辐射率(表 2)。

表 2 各类地表的 VIRR4、VIRR5 和 MERSI5 比辐射率范围

类别	VIRR4			VIRR5			MERSI5		
	最小 ε	平均 ε	最大 ε	最小 ε	平均 ε	最大 ε	最小 ε	平均 ε	最大 ε
水	0.9900	0.9915	0.9930	0.9910	0.9930	0.9950	0.9900	0.9925	0.9950
常绿针叶林	0.9750	0.9835	0.9920	0.9780	0.9860	0.9940	0.9750	0.9845	0.9940
常绿阔叶林	0.9750	0.9850	0.9950	0.9780	0.9865	0.9950	0.9750	0.9850	0.9950

类别	VIRR4			VIRR5			MERSI5		
	最小 ε	平均 ε	最大 ε	最小 ε	平均 ε	最大 ε	最小 ε	平均 ε	最大 ε
落叶针叶林	0.9750	0.9835	0.9920	0.9770	0.9850	0.9930	0.9750	0.9840	0.9930
落叶阔叶林	0.9490	0.9705	0.9920	0.9580	0.9740	0.9900	0.9490	0.9695	0.9900
混交林	0.9750	0.9855	0.9960	0.9800	0.9885	0.9970	0.9750	0.9860	0.9970
稠密灌丛	0.9490	0.9720	0.9950	0.9490	0.9720	0.9950	0.9490	0.9720	0.9950
稀疏灌丛	0.9240	0.9555	0.9870	0.9320	0.9625	0.9930	0.9240	0.9585	0.9930
木本热带稀树草原	0.9740	0.9835	0.9930	0.9780	0.9870	0.9960	0.9740	0.9850	0.9960
热带稀树草原	0.9500	0.9700	0.9900	0.9500	0.9700	0.9900	0.9500	0.9700	0.9900
草地	0.9490	0.9720	0.9950	0.9580	0.9775	0.9970	0.9490	0.9730	0.9970
永久湿地	0.9500	0.9700	0.9900	0.9500	0.9700	0.9900	0.9500	0.9700	0.9900
农用地	0.9500	0.9730	0.9960	0.9500	0.9730	0.9960	0.9500	0.9730	0.9960
城市、建筑区	0.9500	0.9700	0.9900	0.9500	0.9700	0.9900	0.9500	0.9700	0.9900
农用地、自然植被拼接	0.9500	0.9730	0.9960	0.9500	0.9730	0.9960	0.9500	0.9730	0.9960
雪和冰	0.9500	0.9730	0.9960	0.9500	0.9730	0.9960	0.9500	0.9730	0.9960
稀疏植被	0.9500	0.9730	0.9960	0.9500	0.9730	0.9960	0.9500	0.9730	0.9960

2.5　地表温度反演

使用 MODIS IGBP 分类数据,结合表 2 中各类地表平均比辐射率,确定研究区每个像元的通道比辐射率。基于 FY-3 通道比辐射率数据和热红外通道数据,利用式(6)-(10)反演研究区地表温度。

3　结果和分析

3.1　FY-3 资料的地表温度反演模型

FY-3 VIRR4 和 VIRR5 资料组合的地表温度反演模型为

$$T_s = 0.7973 + P(T_{VIRR4} + T_{VIRR5})/2 + M(T_{VIRR4} - T_{VIRR5})/2 \tag{11}$$

$$P = 1 + 0.166(1-\varepsilon)/\varepsilon - 0.329\Delta\varepsilon/\varepsilon^2 \tag{12}$$

$$M = 4.074 + 5.146(1-\varepsilon)/\varepsilon - 13.978\Delta\varepsilon/\varepsilon^2 \tag{13}$$

$$\varepsilon = (\varepsilon_{VIRR4} + \varepsilon_{VIRR5})/2 \tag{14}$$

$$\Delta\varepsilon = (\varepsilon_{VIRR4} - \varepsilon_{VIRR5})/2 \tag{15}$$

式中,T_{VIRR4}——FY-3 VIRR 第 4 通道亮温,K;T_{VIRR5}——FY-3 VIRR 第 5 通道亮温,K;ε_{VIRR4}——FY-3 VIRR 第 4 通道地表比辐射率;ε_{VIRR5}——FY-3 VIRR 第 5 通道地表比辐射率。

FY-3 VIRR4 和 MERSI5 资料组合的地表温度反演模型为

$$T_s = -0.7988 + P(T_{VIRR4} + T_{MERSI5})/2 + M(T_{VIRR4} - T_{MERSI5})/2 \tag{16}$$

$$P = 1 + 0.154(1-\varepsilon)/\varepsilon - 0.263\Delta\varepsilon/\varepsilon^2 \tag{17}$$

$$M = 3.359 + 6.914(1-\varepsilon)/\varepsilon - 9.216\Delta\varepsilon/\varepsilon^2 \tag{18}$$

$$\varepsilon = (\varepsilon_{VIRR4} + \varepsilon_{MERSI5})/2 \tag{19}$$

$$\Delta\varepsilon = (\varepsilon_{VIRR4} - \varepsilon_{MERSI5})/2 \tag{20}$$

式中,T_{MERSI5}——FY-3 MERSI 第 5 通道亮温,K;ε_{MERSI5}——FY-3 MERSI 第 5 通道地表比辐射率。

基于模拟的 FY-3 VIRR4、VIRR5 和 MERSI5 通道的数据,利用构建的模型反演地表温度。结果如图 1 所示。如图 1 所示,输入 MODTRAN 的地表温度和反演的温度具有很好的相关性($R=1$),均方根误差分别为 0.114 K 和 0.045 K,散点基本上在 $y=x$ 对角线上分布。这说明,在已知通道比辐射率的条件下,基于晴空区 FY-3 VIRR 和 MERSI 数据,利用所建的分裂窗地表温度反演模型,可以获得很高的地表温度反演精度。

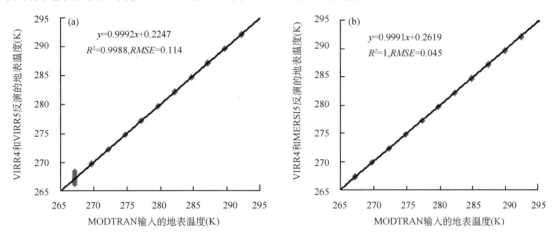

图 1　FY-3 模拟资料地表温度反演精度评价结果

(a)VIRR4/VIRR5 模拟资料地表温度反演精度评价结果;(b)VIRR4/MERSI5 模拟资料地表温度反演精度评价结果

3.2　模型验证及精度评价

基于 FY-3 VIRR4、VIRR5 通道和 MERSI5 通道数据,利用上述方法,分别反演前两个时期(2012 年 1 月 23 日、2 月 3 日)研究区的地表温度。将反演的地表温度与同一时期的 MODIS 地表温度产品做交叉验证,计算两类反演温度的相关系数 R,均方根误差 RMSE 和平均绝对偏差 BIAS,结果如表 3 所示。从两个时期的反演结果来看,FY-3 VIRR4、VIRR5 通道组合反演的温度与 MODIS 温度产品的相关性更高,均方根误差更小。FY-3 VIRR4、VIRR5 通道组合两个时期相关系数 R 平均值为 0.730,RMSE 平均值为 1.926 K,BIAS 平均值为 −1.664 K;而 VIRR4 和 MERSI5 通道组合的相关系数 R 平均值为 0.554,RMSE 平均值为 7.452 K,BIAS 平均值为 −7.283 K。显然 VIRR4 和 MERSI5 通道组合反演的地表温度误差过大,不适合地表温度的反演。反演误差过大可能原因是:两个传感器影像几何位置偏差带来较大误差;较大的 MERSI 第 5 通道比辐射率误差带来较大误差。试验区主要地表类型是农用地和水体,反演的农用地表面温度 RMSE 略高于水体,说明水体的反演精度略高于农用地。相比于 FY-3 温度产品数据的 RMSE(2.64 K)[33],VIRR4/VIRR5 通道组合模型温度反演精度提高了将近 0.7 K。

虽然 FY-3 VIRR4、VIRR5 通道组合能够获得更高的精度,但相对于 MODIS 温度产品存在负的系统偏差(−1.664 K),从两类 LST 的散点图(图略)来看,这个偏差是加性的误差。用两个时期加权平均偏差 −1.664 来订正 FY-3 VIRR 4、VIRR5 通道组合的温度反演模型,得到订正后的温度反演模型为

$$T_s = 2.4613 + P(T_{VIRR4} + T_{VIRR5})/2 + M(T_{VIRR4} - T_{VIRR5})/2 \qquad (21)$$

表 4 是式(21)反演的 LST 和 MODIS LST 统计分析结果。同时,也交叉验证了 FY-3 LST 产品的精度(表 4)。

2016年卫星遥感应用技术交流论文集

表 3　LST 反演结果与 MODIS 地表温度产品交叉验证精度

时间	LST	类别	木本热带稀疏草原	热带稀疏草原	草地	永久湿地	农用地	农用地、自然植被拼接	稀疏植被	水体	常绿针叶林	常绿阔叶林	落叶针叶林	落叶阔叶林	混交林	稠密灌丛	稀疏灌丛	城市、建筑区	雪和冰	总体
2012-1-23	VIRR4/MERSI5 反演结果	像元数	714	107	1209	1269	61992	2411	995	5389	1772	4	124	13	884	130	134	1815	47	79009
		R	0.379	0.473	0.425	0.39	0.485	0.507	0.406	0.643	0.349	0.761	0.542	0.23	0.397	0.604	0.134	0.39	0.169	0.498
		RMSE/K	7.631	7.254	7.496	7.158	7.6	7.576	7.372	7.18	7.564	9.709	7.949	7.941	7.378	7.441	7.235	7.619	7.741	7.557
		BIAS/K	-7.43	-7.05	-7.21	-6.86	-7.47	-7.39	-7.01	-6.98	-7.32	-8.33	-7.81	-7.34	-7.06	-7.27	-6.97	-7.46	-7.46	-7.4
	VIRR4/VIRR5 反演结果	像元数	714	107	1209	1269	61992	2411	995	5389	1772	4	124	13	884	130	134	1815	47	79009
		R	0.616	0.638	0.549	0.566	0.654	0.678	0.611	0.774	0.525	0.254	0.522	0.287	0.617	0.714	0.19	0.526	0.362	0.663
		RMSE/K	2.113	1.723	1.871	1.665	2.143	2.183	2.005	1.897	2.057	3.528	2.362	2.18	2.058	1.933	1.515	2.068	2.266	2.11
		BIAS/K	-1.79	-1.32	-1.26	-1.17	-1.93	-1.88	-1.4	-1.49	-1.7	-2.66	-2.13	-1.43	-1.48	-1.66	-0.63	-1.8	-1.85	-1.85
2012-2-3	VIRR4/MERSI5 反演结果	像元数	694	98	932	1235	29464	974	1021	6012	1706	2	78	22	1108	114	82	830	27	44399
		R	0.409	0.468	0.696	0.495	0.582	0.461	0.671	0.579	0.343	1	0.617	0.373	0.414	0.501	0.54	0.65	0.505	0.655
		RMSE/K	7.468	7.256	7.431	7.193	7.278	7.259	7.384	7.083	7.442	10.81	7.896	6.388	7.113	7.399	7.008	7.615	7.635	7.266
		BIAS/K	-7.19	-6.97	-7.07	-6.75	-7.14	-7.02	-6.9	-6.8	-6.99	-7.64	-7.65	-6.09	-6.78	-7.12	-6.74	-7.46	-7.1	-7.07
	VIRR4/VIRR5 反演结果	像元数	694	98	932	1235	29464	974	1021	6012	1706	2	78	22	1108	114	82	830	27	44399
		R	0.606	0.706	0.846	0.715	0.783	0.666	0.857	0.82	0.593	1	0.739	0.595	0.636	0.715	0.653	0.771	0.659	0.851
		RMSE/K	1.885	1.472	1.42	1.411	1.61	1.586	1.496	1.518	1.756	2.4	1.883	0.963	1.61	1.657	0.988	1.719	1.963	1.598
		BIAS/K	-1.54	-1.05	-0.8	-0.82	-1.42	-1.25	-0.85	-1.19	-1.25	-1.7	-1.63	-0.38	-1.14	-1.29	-0.02	-1.5	-1.26	-1.33

表 4　FY-3 温度产品、订正后的 LST 反演结果与 MODIS 地表温度产品交叉验证精度

时间	LST	类别	木本热带稀疏草原	热带稀疏草原	草地	永久湿地	农用地	农用地、自然植被拼接	稀疏植被	水体	常绿针叶林	常绿阔叶林	落叶针叶林	落叶阔叶林	混交林	稠密灌丛	稀疏灌丛	城市、建筑区	雪和冰	总体
2012—1—23	VIRR4/VIRR5 反演结果	像元数	714	107	1209	1269	61992	2411	995	5389	1772	4	124	13	884	130	134	1815	47	79009
		R	0.616	0.638	0.549	0.566	0.654	0.678	0.611	0.774	0.525	0.254	0.522	0.287	0.617	0.714	0.19	0.526	0.362	0.663
		RMSE/K	1.121	1.149	1.447	1.283	0.967	1.13	1.464	1.188	1.154	2.084	1.102	1.611	1.436	0.972	1.728	1.03	1.294	1.027
		BIAS/K	-0.13	0.342	0.409	0.495	-0.27	-0.22	0.269	0.175	-0.04	-0.99	-0.47	0.234	0.181	-0	1.038	-0.13	-0.19	-0.19
	FY3 VIRR 地表温度日产品	像元数	552	96	812	863	53705	2189	487	2043	1240	2	107	11	725	106	121	1593	35	64687
		R	0.558	0.687	0.4	0.467	0.626	0.645	0.472	0.617	0.42	-1	0.504	0.455	0.522	0.696	0.267	0.53	0.062	0.581
		RMSE/K	2.591	2.552	2.752	2.407	3.079	3.078	2.617	2.234	2.548	5.016	2.62	2.824	2.422	2.659	2.899	2.811	2.925	3.011
		BIAS/K	-2.19	-2.26	-2.36	-1.96	-2.91	-2.85	-2.06	-1.45	-2.16	-3.46	-2.32	-2.22	-1.72	-2.4	-2.58	-2.56	-2.59	-2.79
2012—2—3	VIRR4/VIRR5 反演结果	像元数	694	98	932	1235	29464	974	1021	6012	1706	2	78	22	1108	114	82	830	27	44399
		R	0.606	0.706	0.846	0.715	0.783	0.666	0.857	0.82	0.593	1	0.739	0.595	0.636	0.715	0.653	0.771	0.659	0.851
		RMSE/K	1.095	1.204	1.462	1.423	0.793	1.06	1.48	1.056	1.307	0.125	0.928	1.585	1.248	1.094	1.928	0.85	1.539	0.948
		BIAS/K	0.126	0.619	0.868	0.842	0.242	0.414	0.817	0.475	0.419	-0.03	0.036	1.286	0.522	0.371	1.645	0.162	0.403	0.335
	FY3 VIRR 地表温度日产品	像元数	364	64	393	513	22568	719	255	1007	762	1	46	16	546	57	54	624	12	28001
		R	0.533	0.591	0.573	0.348	0.676	0.671	0.724	0.506	0.344		0.529	0.059	0.412	0.769	0.471	0.451	0.616	0.606
		RMSE/K	2.042	1.911	2.075	2.019	2.487	2.307	1.849	1.717	2.026		2.124	2.121	1.854	2.169	2.121	2.171	2.087	2.402
		BIAS/K	-1.71	-1.5	-1.64	-1.32	-2.33	-2.1	-1.25	-0.49	-1.53	0.733	-1.77	-1.88	-1.38	-1.86	-1.77	-1.84	-1.86	-2.16
2012—2—11	VIRR4/VIRR5 反演结果	像元数	283	53	699	855	54836	2529	872	5451	1307	1	28	22	520	38	24	1464	18	69000
		R	0.61	0.542	0.637	0.634	0.765	0.826	0.617	0.768	0.598		0.754	0.774	0.717	0.54	0.634	0.72	0.819	0.877
		RMSE/K	2.156	2.109	2.06	2.616	1.187	1.169	2.053	1.674	2.313		2.545	1.601	1.805	1.867	2.851	1.352	2.126	1.33
		BIAS/K	0.247	0.934	0.97	1.063	0.408	0.353	0.91	0.951	0.184		-0.51	0.695	0.259	0.765	2.167	0.364	1.539	0.463
	FY3 VIRR 地表温度日产品	像元数	128	39	210	333	40657	1809	122	729	629	1	14	14	259	19	9	926	5	45903
		R	0.088	0.105	0.097	0.075	0.546	0.541	0.21	0.126	0.041		-0.1	0.726	0.224	-0.23	-0.36	0.328	0.276	0.458
		RMSE/K	2.695	2.176	2.433	2.92	2.591	2.695	2.945	4.713	2.754		3.099	2.172	2.571	2.175	2.522	2.309	1.611	2.641
		BIAS/K	-1.23	-0.79	-0.48	-0.28	-2.23	-2.21	1.084	3.4	-0.47		-1.17	-1.78	-1.35	-1.08	-1.36	-1.76	0.264	-2.07

如表 4 所示,验证试验(2012 年 2 月 11 日)反演的 LST 和 MODIS LST 的平均相关系数为 0.877,RMSE 为 1.33 K;FY-3 LST 产品与 MODIS LST 产品的相关系数为 0.458,RMSE 为 2.641 K。显然,以 MODIS 地表温度为参考,本文提出的 LST 反演方法取得了更好的精度。表 4 显示:试验区主要地表类型——农用地的 RMSE 在 1 K 左右。图 2 是三个时期反演的 LST 和 MODIS LST 产品的散点图,如图所示,反演的 LST 和 MODIS LST 的散点在直线 $y=x$ 附近分布,RMSE 分别为 1.027 K,0.948 K 和 1.33 K;相比于 FY-3 LST 产品的 RMSE (3.011 K,2.402 K,2.641 K),精度有了较大的提高。

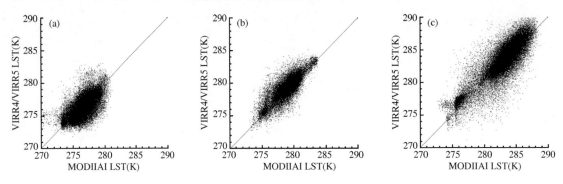

图 2　VIRR4/VIRR5 LST 反演结果与 MODIS 温度产品交叉验证散点图

(a)2012 年 1 月 23 日;(b)2012 年 2 月 3 日;(c)2012 年 2 月 11 日

图 3 是试验区 3 个时期反演的 LST、国家卫星气象中心的 FY-3 LST 产品和 MODIS LST 产品的空间分布图。对比 MODIS LST,本文反演的地表温度和 MODIS LST 产品在空间上具有更好的一致性,很好地反映出随时间变化温度逐步升高的趋势。此外,如图 3 所示,相比于 MODIS 温度,FY-3 产品的温度偏低。

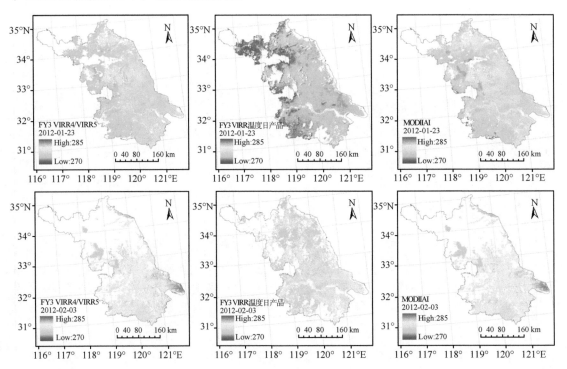

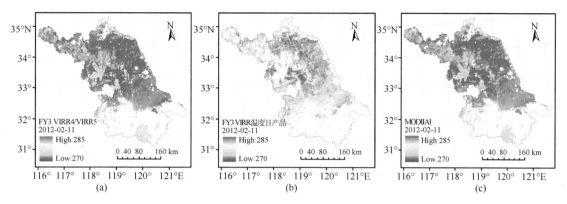

图 3　2012 年 1 月 23 日、2 月 3 日及 2 月 11 日江苏地区地表温度图

(a)VIRR4/VIRR5 地表温度反演图;(b)国家 FY-3 VIRR 地表温度日产品;(c)MODIS 地表温度日产品

4　结　论

(1)相比于 VIRR4/MERSI5 波段组合,VIRR4/VIRR5 波段组合反演的温度和 MODIS LST 产品的相关系数高,均方根误差小;这说明 VIRR4/VIRR5 波段组合能够获得更高的地表温度反演精度。VIRR4/VIRR5 波段组合反演的温度精度更高的原因是:①VIRR4/VIRR5 是同一个传感器不同通道数据,它们对应地表空间同一个像元;而 VIRR4/MERSI5 是两个不同传感器的数据,它们对应像元存在位置偏差,这会带来一定的地表温度反演误差。②VIRR5 相比于 MERSI5 的光谱范围较窄,采用平均比辐射率方法确定通道比辐射率误差更小,因而地表温度反演误差较小。

(2)基于平均比辐射率分裂窗算法反演的地表温度与 MODIS LST 产品具有较高的相关性,两次试验的平均相关系数为 0.73;反演温度的 RMSE 为 1.926 K,相比于 FY-3 LST 产品,RMSE 降低了 0.7 K。用各地表类型的平均比辐射率来反演地表温度能够取得相当高的精度。

(3)反演的温度和 MODIS LST 产品之间存在明显的负偏差,两次试验的平均偏差为 −1.664 K。利用该偏差对反演的 LST 进行订正,订正后的 LST 和 MODIS LST 产品具有更高的相关性(0.877),RMSE 为 1.33 K。这说明 FY-3 热红外通道数据具有非常高的精度,能够得到类似于 MODIS 温度产品的精度。但订正系数的确定可能与地域和季节有关,这有待于进一步系统研究。此外,虽然 MODIS 温度产品与地表温度真值存在一定误差,但由于种种条件限制,获取可与遥感卫星像元配准的地表温度"真值"是非常困难的。因此,本文只利用 MODIS 地表温度产品与反演结果进行交叉验证,利用实测地表温度验证反演结果的研究还需进一步开展。

参考文献

[1]　Wang K,Wan Z,Wang P,et al. Evaluation and improvement of the MODIS land surface temperature/emissivity products using ground-based measurements at a semi-desert site on the western Tibetan Plateau. *International Journal of Remote Sensing*. 2007,**28**(11):2549-2565.

[2]　Wang K,Wan Z,Wang P,et al. Estimation of surface long wave radiation and broadband emissivity using MODIS land surface temperature/emissivity products. *Journal of Geophysical Research*. 2005,**110**: 11109-11109.

[3]　Norman J M,Kustas W P,Humes K S. Source approach for estimating soil and vegetation energy flux in observations of directional radiometric surface temperature. *Agriculture and Forest Meteorology*. 1995, **77**:263-293.

[4]　Wang K,Li Z,Cribb M. Estimation of evaporative fraction from a combination of day and night land surface temperatures and NDVI:a new method to determine the Priestly-Taylor parameter. *Remote Sensing of Environment*. 2006,**102**:293-305.

[5]　Kerr Y H,Lagouarde J P,Nerry F,et al. Land surface temperature retrieval techniques and applications. Quattrochi D A,Luvall J C. Thermal Remote Sensing in Land Surface Processes. Boca Raton:CRC press. 2000,33-109.

[6]　白洁,刘绍民,扈光.针对 TM/ETM＋遥感数据的地表温度反演与验证.农业工程学报.2008,**24**(9): 148-154.

[7]　Price J C. Estimation of surface temperatures from satellite thermal infrared data-a simple formulation for the atmospheric effect. *Remote Sensing of Environment*. 1983,**13**:353-361.

[8]　覃志豪,Li Wenjuan,Zhang Minghua,等.单窗算法的大气参数估计方法.国土资源遥感.2003,**56**(2): 37-43.

[9]　Sobrino J A,Jimenez-Munoz J C,Paolini L. Land surface temperature retrieval from LANDSAT TM5. *Remote Sensing of environment*. 2004,**90**(4):434-440.

[10]　甘甫平,陈伟涛,张绪教,等.热红外遥感反演陆地表面温度研究进展.国土资源遥感.2006,**67**(1): 6-11.

[11]　 Price J C. Land Surface Temperature measurements from the split window channels of NOAH-7 AVHRR. *Journal of Geophysical Research*. 1984,**89**:7231-7273.

[12]　Becker F,LI Zhao-Liang. Towards a local split window method over land surface. *International Journal of Remote Sensing*. 1990,**11**:369-394.

[13]　Sobrino J A,Coll C,Caselles V. Atmospheric correction for land surface temperature using NOAA-11 AVHRR channels 4 and 5. *Remote Sensing of Environment*. 1991,**38**:19-34.

[14]　Prata A J. Land surface temperature derived from the AVHRR and the ATSR. *Journal of Geophysical Research*. 1993,**98**(D9):1689-1702.

[15]　Becker F,LI Zhaoliang. Surface temperature and emissivity at different scales:definition,measurement and related problems. *Remote Sensing Reviews*. 1995,**12**:225-253.

[16]　柳钦火,徐希孺,陈家宜.遥测地表温度与比辐射率的迭代反演方法——理论推导与数值模拟.遥感学报.1998,**2**(1):1-9.

[17]　Sobrino J A,Kharraz J El,Li Zhaoliang. Surface temperature and water vapour retrieval from MODIS data. *International Journal of Remote Sensing*. 2003,**24**(24):5161-5182.

[18]　毛克彪,覃志豪,施建成,等.针对 MODIS 影像的劈窗算法研究.武汉大学学报(信息科学版).2005,**30**

(8):703-707.

[19] Sobrino J A. Multi-channel and multi-angle algorithms for estimating sea and land surface temperature with ATSR. *International Journal of Remote Sensing*. 1996,**17**(11):2089-2114.

[20] 徐希孺,陈良富,庄家礼.基于多角度热红外遥感的混合像元组分温度演化反演方法.中国科学(D 辑).2001,**31**(1):82-88.

[21] 何立明,阎广建,王锦地,等.利用 ATSR2 数据提取地表组分温度.遥感学报.2002,**6**(3):161-167.

[22] 庄家礼,陈良富,徐希孺.地表组分温度反演.北京大学学报(自然科学版).2000,**36**(6):850-857.

[23] Jia L,Li Z L,Menenti M,et al. A practical algorithm to infer soil and foliage component temperatures from bi-angular ATSR-2 data. *International Journal of Remote Sensing*. 2003,**24**(23):4739-4760.

[24] Xue Y,Cai G,Guan Y N,et al. Iterative self-consistent approach for Earth surface temperature determination. *International Journal of Remote Sensing*. 2005,**26**:185-192.

[25] 刘翔舸,黄健熙,秦军,等.基于 GOES 数据和弱约束变分的地表水热通量估算.农业机械学报.2014,**45**(1):236-245.

[26] Wan Z,Dozier J. A generalized split-window algorithm for retrieving land-surface temperature from space. *IEEE Transaction of Geoscience and Remote Sensing*. 1996,**34**(4):892-905.

[27] Wan Z,Li Z L. A physics-based algorithm for retrieving land-surface emissivity and temperature from EOS/MODIS Data. *IEEE Transactions on Geoscience and Remote Sensing*. 1997,**35**(4),980-996.

[28] Wan Z,Zhang Y,Zhang Q,et al. Validation of the land-surface temperature products retrieved from Terra moderate resolution imaging spectroradiometer data. *Remote Sensing of Environment*. 2002,**83**:163-180.

[29] Wan Z,Zhang Y,Zhang Q,et al. Quality assessment and validation of the MODIS global land surface temperature. *International Journal of Remote Sensing*. 2004,**25**(1):261-274.

[30] Wan Z M. New refinements and validation of the MODIS land-surface temperature/emissivity products. *Remote Sensing of Environment*. 2008,**112**(1):59-74.

[31] 刘军.利用单通道算法对 MERSI 数据进行地表温度的反演研究.现代农业科技.2010(2):283-288.

[32] 胡菊旸.风云卫星地表温度反演算法研究.北京:中国气象科学研究院硕士学位论文.2012.

[33] 董立新,杨虎,张鹏,等.FY-3A 陆表温度反演及高温天气过程动态监测.应用气象学报.2012,**23**(2):214-222.

[34] Wan Z M. MODIS Land-surface temperature algorithm theoretical basis document(LST ATBD)version3.3,NAS5-31370. Santa Barbara:Institute for Computational Earth System Science,University of California. 1999.

[35] 蔡国印.基于 MODIS 数据的地表温度、热惯量反演研究及其在土壤水分、地气间热交换方面的应用.北京:中国科学院遥感应用研究所博士学位论文.2006.

[36] Snyder W C,Wan Z,Zhang Y,et al. Classification-based emissivity for land surface temperature measurement from space. *International Journal of Remote Sensing*. 1998,**19**(14):2754-2774.

山西省日光温室低温寡照灾害分析研究[①]

李海涛　　王志伟　　赵永强

（山西省气候中心，太原 210044）

摘　要：基于山西省 108 个气象观测站 1961—2010 年近 50 年的逐日气象资料，通过查阅文献和实地调研，构建了一个适合山西本地化的日光温室低温寡照灾害指标，运用 IDL 编程语言对数据进行筛选，计算出不同等级灾害发生的次数；在此基础上，构建了一个低温寡照灾害指数，对灾害数据进行标准化处理，利用 GIS 技术进行克里金插值，得到了山西省低温寡照气象灾害时空分布特征。结果表明：(1)山西省低温寡照灾害主要发生在冬季，占全年灾害的 90% 之多，以 1 月份最为频繁；(2)山西省低温寡照灾害主要分布在大同盆地、忻定原盆地、太原晋中盆地以及长治盆地，其余地区发生较少；(3)山西省低温寡照灾害发生频率随时间推移呈不断增加趋势，90 年代以后，呈几何指数增长，其中以重度灾害增加较为明显。该研究结果可为山西省设施农业布局、气候资源利用和防灾减灾决策服务提供依据。

关键词：日光温室　低温寡照　时空分布　GIS 技术

1　引言

　　设施农业已经成为山西省现代农业的主要发展方向之一，到目前为止，山西省设施农业面积达到 180 多万亩[②]，而日光温室面积就达 100 多万亩，日光温室面积达到 5 万亩及以上的区域见图 1。在山西省日光温室生产中，低温寡照灾害已经成为影响设施蔬菜正常生长和农民增收的农业气象灾害之一[1]。低温寡照天气会对设施蔬菜生长发育和品质产生影响，如植株生长受阻，生长发育不良，品质下降和出现畸形果等症状[2,3]，因此开展山西省日光温室低温寡照时空特征分析对设施农业气候区划和生产布局，以及相关部门有针对地开展防灾减灾具有重要意义。

　　国内外关于日光温室低温寡照灾害的研究，主要集中在低温寡照对蔬菜生理特征[4~6]、需光特性[7~9]、光合作用[10,12]、风险分析[13,14]等方面，而在低温寡照灾害时空分布特征分析方面相对较少。在低温寡照灾害指标研究方面，叶彩华等通过探讨日光温室发生连阴寡照的原因，提出了连阴寡照灾害气象预警指标[15,16]；魏瑞江等构建了河北低温寡照灾害指标，并依据该指标，建立了监测预警系统，进行了测试，并且应用到了河北日光温室蔬菜生产中，可对低温寡照所发生的范围、强度等进行动态监测预警[17,18]，开展了低温寡照灾害影响和气象服务的定量化评估[19]。但关于山西省日光温室的低温寡照灾害分布规律的研究未见报道。本研究拟通

---

　　①　公益性行业（气象）科研专项"华北日光温室小气候资源高效利用技术研究"（项目编号：GYHY201306039）资助。

　　②　1 亩＝1/15 hm²。

过构建一个适合山西的低温寡照灾害指标,探讨山西省近50年日光温室低温寡照灾害时空分布特征,其结果可为山西省设施农业气候区划及低温寡照灾害定量影响评估技术发展提供依据。

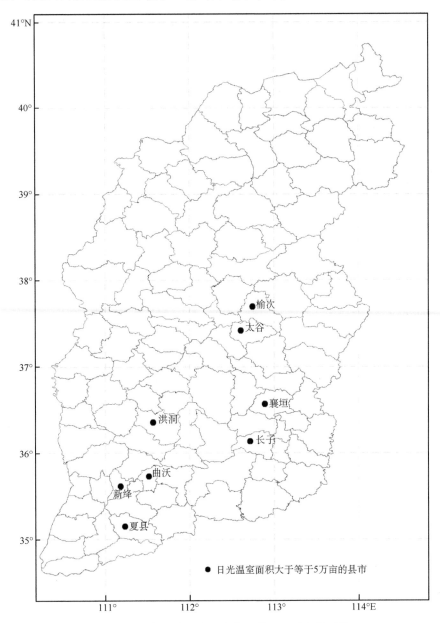

图1　山西省日光温室面积大于等于5万亩的区域

2　资料与方法

2.1　低温寡照灾害指标的提出

关于低温寡照灾害指标,目前国内学者提出的较少。通过查阅文献,仅魏瑞江[13,20]从日光温室外部与内部的气象要素变化规律入手,以对温室内蔬菜生长适宜指标为依据,提出了河北省日光温室生产中低温寡照灾害指标。通过实地调研和试验研究,将指标进行了山西本地化处理,认为,山西日光温室低温寡照灾害指标的构建,必须包括日照时数和室外最低气温这两个因素。据实地调查显示,当逐日日照时数在 3 h 以上时,日光温室内的温度一般能够达到蔬菜生长发育的要求,若小于 3h 时,蔬菜生长就会受到影响,且日照时数越少,受到的影响就越大;当温室内气温低于 10℃,蔬菜正常生长就受到抑制,当温室内气温低于 5℃时,蔬菜就会遭受冻害,而此时外界温度也都在 -10℃以下。

表 1　山西省低温寡照灾害指标

低温寡照灾害等级	具体等级划分	对蔬菜影响
轻度	连续 3 d 无日照或连续 4d 无日照,另一天日照时数小于 3h;且 11—翌年 2 月的室外最低气温≤-10℃	蔬菜生长速度减缓,开始落花、落果
中度	连续 4~7 d 无日照或逐日日照时数小于 3 h 连续 7 d 以上;且 11—翌年 2 月的室外最低气温≤-10℃	蔬菜部分植株出现生理性干旱、萎蔫,部分花果脱落,植株停止生长
重度	连续 7 d 以上无日照或逐日日照时数小于 3 h 连续 10 d 以上;且 11—翌年 2 月的室外最低气温≤-10℃	蔬菜部分植株出现冷害,叶片开始出现脱水,严重时植株死亡

通过实地调查研究,山西省日光温室内种植的主要蔬菜为西红柿、黄瓜和西葫芦等,占到全部蔬菜的 90% 以上,之所以大面积种植,与这三种蔬菜对气温和日照的要求有关。如西红柿生长的适宜温度为 20~30℃,黄瓜适宜温度为 25~32℃,西葫芦适宜温度为 20~25℃,当温度超过 35℃时,同化作用小于呼吸作用,影响干物质的积累,当温度低于 15℃时,停止开花结实;当温度低于 10℃时,停止生长;当温度低于 5℃时,蔬菜生长受到抑制;当温度低于 0℃时,死亡[21]。所以,低温寡照灾害对不同蔬菜所造成危害和影响是不同的,本文选择对光、温、水较敏感,且种植最为普遍的西红柿等来进行灾害等级的划定,具有很好的代表性。山西省低温寡照灾害指标具体见表 1。

2.2　低温寡照灾害指标的验证

根据表 1 所确定的低温寡照指标,随机选择了 2013 年 1 月份和 2014 年 1 月份这两个时间段,依据指标进行筛选、统计和比较,结果显示,我省北部三个地市都出现了中度以上灾害,其中大同市最为严重,都出现了重度灾害(表 2 和表 3)。经实地调查发现,2013 年 1 月和 2014 年 1 月这两个月低温寡照天气发生频繁,对山西省日光温室内种植的蔬菜,如西红柿、黄瓜、西葫芦等造成了严重影响,超过 90% 的温室内蔬菜产量减少一半以上,蔬菜品质下降,成熟期延迟,部分蔬菜直接被冻死,绝收现象普遍,仅大同市就损失了上亿元。这说明,依据表 1 中构建的灾害等级指标所判定出的结果与实际情况一致(表 2 和表 3)。通过验证认为,本文所构建的低温寡照指标可以用来研究山西低温寡照灾害的时间和空间分布情况。

表 2　2013 年 1 月山西省 11 个市出现低温寡照次数

	大同	朔州	忻州	太原	阳泉	吕梁	晋中	长治	晋城	临汾	运城
轻	3	1	3	3	0	2	1	1	0	1	0
中	1	2	1	0	0	2	0	0	0	1	0
重	1	0	0	0	0	0	0	0	0	0	0
判定灾害等级	重	中	中	轻	轻	中	轻	轻	轻	中	轻

表 3　2014 年 1 月山西省 11 个市出现低温寡照次数

	大同	朔州	忻州	太原	阳泉	吕梁	晋中	长治	晋城	临汾	运城
轻	4	3	2	1	1	1	1	1	0	2	1
中	1	1	1	1	0	1	0	0	0	0	0
重	1	0	0	0	0	0	0	0	0	0	0
判定灾害等级	重	中	中	中	轻	中	轻	轻	轻	中	轻

3　资料选取和指数构建

3.1　资料选取和处理

选取山西省 108 个气象观测台站 1961—2010 年近 50 年的逐日气象资料,主要包括逐日日照时数和室外最低气温,依据所建立的低温寡照指标,运用 IDL(Interactive Data Language)语言[22]编程,对全省 108 个站的逐日数据进行筛选、提取、计算,统计出每个站的灾害发生次数和程度。全省(市)灾害发生次数分别为 108 个站和 11 地市所属县的累计值。本研究所使用的数据来源于山西省信息中心。

3.2　指数构建

为了实现数据具有可比性,就要对灾害数据进行标准化处理,所用处理公式为

$$X_i^* = \frac{X_i - X_{\min}}{X_{\max} - X_{\min}} \tag{1}$$

其中,X_i^* 为进行归一化后的值,X_i 为实际值,$X_{\max}$ 为最大值,$X_{\min}$ 为最小值。

数据标准后处理后,为了直观反映低温寡照灾害的时空分布状况,特构建了一个低温寡照指数,如式(2)所示。

$$k = \sum_{i=1}^{3} a_i/n \times h_i \tag{2}$$

式中,k 为灾害指数,a_i 为不同等级灾害发生频率,n 为年数,h_i 为不同等级低温寡照灾害所对应地蔬菜减产率的参考值,轻度、中度和重度寡照灾害的 h_i 分别对应的是 20%、50% 和 85%。该参考值参考了文献[23]。

计算结果基于 ArcGIS 软件中空间分析方法,运用克里金插值法[24,25]对低温寡照指数进行空间插值和出图。首先,将低温寡照灾害指数与纬度、经度、海拔高度、坡度和坡向建立了回归模型,其次,利用克里金插值方法,将残差进行再次空间内插,得到残差的空间分布图。最后,将残差分布图与低温寡照灾害指数的空间分布图进行叠加,得到经过订正后的低温寡照空间分布图,使结果的精度更高,更准确。

4　结果分析

4.1　月变化特征

根据建立的低温寡照指标,运用 IDL 语言程序对全省 108 个站日照时数和最低气温进行

处理分析,计算出 1961～2010 年山西省 11 个地(市)低温寡照灾害发生次数和频率。从图 2 可以看出,山西省低温寡照灾害发生时间为每年的 11 月份到翌年的 3 月份,其中以 1 月份发生最为严重,其次是 12 月和 2 月,11 月和 3 月发生最少。经过统计得到,11 月—翌年 3 月,山西省低温寡照灾害分别发生了 40 次、567 次、1437 次、401 次和 19 次,分别占总次数的 1.6%、23.0%、58.3%、16.3%和 0.8%。据统计,山西省近 50 年共发生了 2916 次低温寡照灾害,轻度灾害、中度灾害和重度灾害分别发生了 1788 次、1039 次和 89 次,分别占总发生次数的 61.4%、35.6%和 3.0%。发生次数最多的地区主要分布在晋中、忻州、吕梁和长治这四个市,发生次数分别为 875 次、366 次、331 和 311 次,分别占总发生次数的 30.0%、12.6%、11.4% 和 10.7%。其余县市的发生次数较少,所占比重都在 10% 以下。发生频次是发生次数除以 50 年。通过计算得到,低温寡照灾害发生频次从高到低依次为晋中、忻州、吕梁、长治、临汾、大同、朔州、太原、晋城、运城和阳泉,分别为 17.5、7.32、6.62、6.22、5.04、4.0、3.32、2.86、2.16、1.68、1.6 次/年(图 2)。

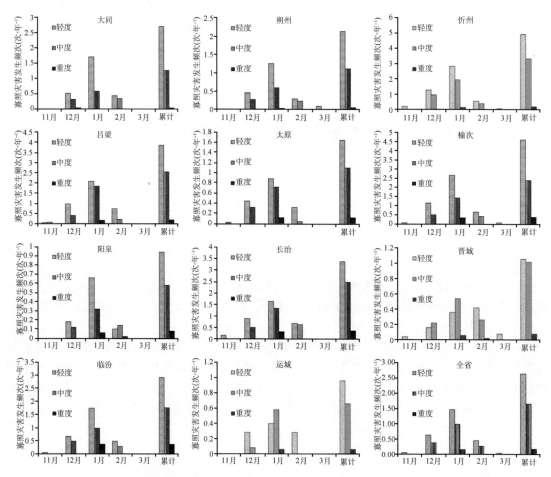

图 2　山西省近 50 年低温寡照灾害月平均次数变化

4.2　季节变化特征

将 12 个月的计算结果,按照春季(3—5 月)、夏季(6—8 月)、秋季(9—11 月)和冬季(12—

2月)这四个季节进行再次统计,得到低温寡照灾害在不同季节的发生次数和频率(图3)。可以看出,在这四个季节中,冬季的发生频率是最大的,平均每年发生4.37次,占全年发生总次数的97%,这与河北省的情况相一致[13];其次是春、秋季,平均每年分别发生0.03次和0.07次,占全年总次数的1%和2%;夏季没有灾害发生。可见,山西省低温寡照灾害发生时段集中在冬季,也就是12月到翌年的2月份。从地区来说,忻州、榆次、吕梁和长治这4个地区的灾害发生次数要明显高于其他7个地区。

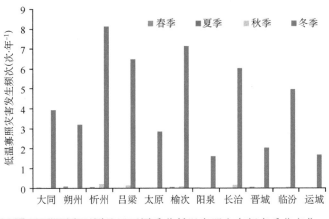

图3　山西省不同地区不同季节低温寡照灾害频率季节变化

4.3　年际变化特征

对全省108个站1961—2010近50年的轻度、中度和重度灾害进行逐年统计,将每年的值与50年的平均值进行比较,计算出逐年距平百分率,利用5阶多项式进行拟合,结果如图4所示。可以看出,轻度、中度、重度和累计低温寡照灾害都随时间推移呈不断增长的趋势,1975年前,轻度和中度低温寡照灾害发生频率呈增加趋势,在1975年出现峰值;1975—1990年,轻

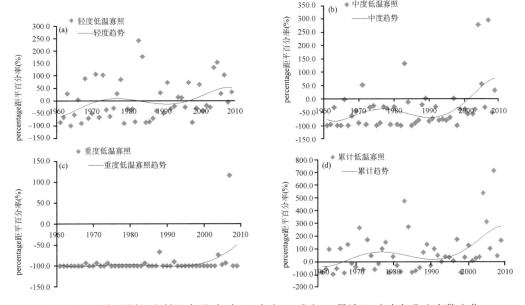

图4　山西省不同程度低温寡照(轻度A、中度B、重度C、累计D)灾害年发生次数变化

度和中度低温寡照灾害发生频率都呈下降趋势,在 1990 年出现了极值;1990 年后,轻度和中度,特别是重度低温寡照灾害发生频率呈显著上升趋势,呈几何增长态势,在 2008 年达到极值。该结果与郝智文等对山西省的近 50 年日照日数的分析结果[26]相符合:山西省在 90 年代以后,日照时数呈明显下降趋势,特别是冬季,表现得尤为明显。

4.4　空间分布特征

按照公式(2)对山西省 108 个站点的低温寡照灾害次数进行统计和计算,得到 108 个站点的低温寡照灾害指数值,进行空间插值[27],结果如图 5 所示。可以看出,从空间上来看,山西省低温寡照灾害发生程度,东部大于西部,北部大于南部。从北到南的大同盆地、忻定原盆地、太原晋中盆地以及长治盆地是低温寡照灾害发生的重灾区,其中忻州的原平、定襄和忻府区,以及太原的清徐、晋中的平遥、介休,吕梁的汾阳、文水表现尤为明显。晋北、晋中和晋东南较

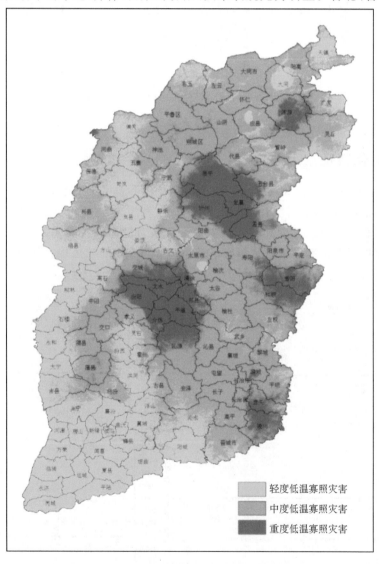

图 5　山西省低温寡照灾害指数空间分布

晋南地区低温寡照灾害年发生频率及程度均显著增加。这与范晓辉等[28,29]的研究结果相一致,证明了近50年山西省年平均日照时数呈显著减少趋势,且自20世纪90年代以来减少更为明显的结论。

5　讨论和结论

　　研究表明,在1960—2010年,山西省低温寡照灾害发生变化可以分为两个阶段,第一个阶段为1990年之前,轻度、中度和重度低温寡照灾害发生频率和程度增幅较小;第二个阶段为1990年之后,不同程度低温寡照灾害发生频率和程度增幅较大,特别是重度低温寡照灾害,增幅尤为明显,呈几何增长态势。山西低温寡照灾害主要发生在每年的11月至翌年3月,其中以1月和12月为主;以季节来说,灾害主要发生在冬季,几乎占全年低温寡照灾害的90%之多,夏季不发生,秋季稍小于春季。这与范晓辉等[28]对山西近50年日照时数的时间序列变化特征研究结果相一致。从灾害空间分布上看,山西省东部地区要多于西部地区,从北向南的大同盆地、忻定原盆地、太原晋中盆地以及长治盆地是低温寡照灾害发生的重灾区,该研究结果与郝智文等研究的山西省日照时数的空间分布趋势是一致的[26]。该研究结果形成的低温寡照空间分布图,可以为设施农业布局、气候区划以及相关部门开展防灾减灾提供技术支持。

　　本研究所构建的低温寡照指标,综合了低温和寡照这两个概念,由于受低温这个因素的影响,把研究时段重点局限到了冬季,若仅从寡照这个因素考虑,山西的临汾、运城盆地寡照灾害发生频率也较高,后面应该单独对寡照灾害进行分析研究,以弥补该研究的不足之处。

　　本研究的低温寡照灾害指标是在前人研究基础上构建的,然而受所处地区、作物种类、种植方式等因素影响,其对低温寡照天气的反映也不同,不同区域、不同省份低温寡照灾害指标也不同,今后需要进一步开展试验和实地调查,系统开展不同蔬菜所对应的低温寡照灾害指标,以丰富蔬菜指标体系。

参考文献

[1]　高浩,黎贞发,潘学标,等.中国设施农业气象业务服务现状与对策.中国农业气象,2010,**3**:15-19.

[2]　徐凤霞,王琪珍.低温寡照对温室大棚蔬菜的影响.现代农业科技,2007,**21**:15-16.

[3]　范辽生,朱兰娟,柴伟国,等.杭州冬季塑料大棚内气温变化特征及日最低气温预报模型.中国农业气象,2014,**35**(3):268-275.

[4]　陈青君,张福墁,王永健,等.黄瓜对低温弱光反映的生理特征研究.中国农业科学,2003,**36**(1):77-81.

[5]　闻婧,鲍顺淑,杨其长,等.LED光源R/B对叶用莴苣生理性状及品质的影响.中国农业气象,2009,**30**(3):413-416.

[6]　DeZwart H F. Analyzing energy-saving options in greenhouse cultivation using a simulation model. The Netherlands:Agri-cultural University of Wageningen,1996.

[7]　Devacht S,Llootens P. Influence of low temperatures on the growth and photosynthetic activity of industrial chicory,Cichori-um intybus L. Partim. *Photosynthetica*,2009,**47**(3):372-380.

[8]　Robert M,David M S,Keunho C,et al. Mycorrhizal promotion of host stomatal conductance in relation to irradiance and tempera-ture. *Mycorrhiza*,2004,**14**:85-92.

[9]　Christopher O,Jiewo O,Kenji M,et al. Effects of day-length and temperature on floral structure and fer-

tility restoration in a season-dependent male-sterile Solanum villosum Mill. *Mutant Euphy-tica*, 2007, **158**:240.

[10]　艾希珍,马兴庄,于立明,等.弱光下长期亚适温和短期低温对黄瓜生长及光合作用的影响.应用生态学报,2004,**15**(11):2091-2094.

[11]　艾希珍,张振贤,何启伟,等.日光温室主要生态因子变化规律及其对黄瓜光合作用的影响.应用与环境生物学报,2002,**8**(1):41-46.

[12]　Kirschbaum MUF,Christian O,Manfred K. Loss of quantum yield in extremely low light. Planta,2004, **218**:1046-1105.

[13]　魏瑞江,李春强,康西言.河北省日光温室低温寡照灾害风险分析.自然灾害学报,2008,**17**(3):56-62.

[14]　李德,杨太明,刘瑞那,等.安徽省设施农业冬季低温风险分析和区划.中国农业气象,2013,(6):110-115.

[15]　叶彩华.日光温室连阴寡照的小气候特征、预警指标及防御对策.农业气象,2010,(3):60-62.

[16]　关福来,杜克明,魏瑞江,等.日光温室低温寡照灾害监测预警系统设计.中国农业气象,2009,**30**(4):601-604.

[17]　魏瑞江,李春强,康西言.河北省日光温室低温寡照灾害风险分析.自然灾害学报,2008,**17**(3):56-62.

[18]　魏瑞江,康西言,姚树然,等.低温寡照天气形势及温室蔬菜致灾环境.气象科技,2009,**37**(1):64-66.

[19]　王琼,魏瑞江,王荣英,等.河北日光温室气象灾害影响和气象服务评估.中国农业气象,2014,**35**(6):682-689.

[20]　魏瑞江.日光温室低温寡照灾害指标.气象科技,2003,**31**(1):50-51.

[21]　张善云,郑坚强.灾害天气对日光温室蔬菜生产的影响及对策.北京农业,2009,(12):13-14.

[22]　董彦卿.IDL 程序开发:数据可视化和编程的二次开发.北京:高等教育出版社,2012.

[23]　杨再强,费玉娟,朱静,等.江苏省设施农业寡照灾害时空分布规律的研究.东北农业大学学报,2012,**43**(2):64-69.

[24]　黄桔梅,谷晓平,于飞.贵阳市主要蔬菜品种的气候适宜性区划.中国农业气象,2011,**32**(增 1):144-147.

[25]　冯晓云,王建源.基于 GIS 的山东农业气候资源及区划研究.中国农业资源与区划,2005,**26**(2):60-62.

[26]　郝智文,范晓辉,朱小琪,等.山西省近 50 年日照时数变化趋势分析.生态环境学报,2009,(5):55-59.

[27]　钱锦霞,张建新,王果静,等.基于 City Star 地理信息系统的农业气候资源网格点推算.中国农业气象,2003,**24**(1):47-50.

[28]　范晓辉,郝智文,王孟本.山西省近 50 年日照时数时空变化特征研究.生态环境学报,2010,(3):110-115.

[29]　范晓辉.山西近 50 年气候变化特征研究.山西大学,2012.

山西省主要农业气象灾害精细化区划研究

赵永强　相　栋　李海涛　武永利　王志伟　刘文平

（山西省气候中心，太原 030002）

摘　要：利用山西省 109 个气象站点 1961—2010 年近 50 年的气象观测资料，通过分析山西省干旱、霜冻、低温冻害、高温热害的发生程度和发生频率，得到其灾害综合指数，运用小网格推算模型和多元线性回归建立与地理信息的空间推算模型，基于 GIS 和 1：25 万地理信息数据，对这四种灾害进行空间分区，得到山西省多种农业气候灾害精细化区划图，以期为政府决策部门指导农业生产和防灾减灾工作提供科学参考。结果表明，山西省干旱主要发生在我省中部一雁行排列的断陷盆地；霜冻和低温冷害主要发生在北中部大部地区；高温热害主要发生在临汾和运城地区。经过实际调查和验证，区划结果具有一定的合理性。

关键词：气象灾害；空间推算；精细化区划

1　引言

气象灾害是制约生态与农业和国民经济可持续发展的重要障碍因素。掌握气象灾害的特点和发生规律，对于防御气象灾害，提高防灾减灾的能力，趋利避害，保障农业生产具有十分重要的意义[1]。山西省农业气象灾害发生频繁，其主要气象灾害有干旱[2]、霜冻[3]、低温冻害[4]、高温热害等，农业气象灾害造成的损失占自然灾害损失的 85% 以上，每年由于气象灾害造成的经济损失占生产总值的 4%～7%。

近年来，对干旱、霜冻与低温冷害等灾害的研究主要侧重于发生原因[5]及分布规律[6]、对策[7]以及对农业的危害机制[8]、影响规律[9]的研究，以及灾害致灾机理[10]、灾害的气候风险评估[11]或区划[12]等，而从气象学角度对山西多种农业气象灾害开展精细化区划研究还相对较少。本文利用山西省 109 个气象站近 50 年的气象资料，采用基于 DEM 的多元线性回归加参差订正的方法，来开展针对山西省多种灾害的精细化区划研究。以期为政府决策部门指导农业生产和防灾减灾工作提供科学参考。

2　资料和方法

2.1　资料与处理

气象资料（来源为山西省气象信息中心）为山西省 1961—2010 年近 50 年 109 个气象站的逐日常规资料，建站晚于 1961 年的自建站资料开始。区划中使用 1：250000 的山西省行政区界（包括县界）资料；高程数据使用 90 m×90 m 的 SRTM DEM 数据。SRTM（shuttle radar topography mission,航天飞机雷达地形测绘使命）是由美国航空航天局、美国国家图像测绘局以及德国与意大利航天机构共同合作完成,2000 年 2 月 11 日至 22 日,通过装载于"奋进号"航天飞机的干涉成像雷达近 11 天的全球性作业,得到了全球表面从北纬 60°至南纬 56°间陆地地表 80％面积和 95％以上的人类居住区、数据量高达 12Tbit 的三维雷达数据,然后对雷达数据进行相应的处理,生成的数字高程模型[13]。这一数字地形数据是迄今为止现势性最好、分辨率最高、精度最好的全球性数字地形数据。SRTM 数据覆盖中国全境,SRTM 数据的广泛覆盖性和数学基础的统一性使得其高程数据在涉及地形分析的诸多领域有非常广泛的应用前景,对陆地表层过程研究有重要的促进作用。由网站 http://srtm.csi.cgiar.org/SELECTION/inputCoord.asp 下载覆盖于山西省范围的高程数据,并在 ArcGIS 软件的支持下拼接并裁剪得到山西省范围的 DEM 图。

2.2　区划方法

根据山西自然灾害发生程度,特别是农业生产结构调整和发展的需要,以资源优化利用为目标,选定干旱、霜冻、低温冷害和高温热害为区划对象。农业与气候之间的关系都反映在各种气候要素的作用上,在对农业产业影响的气候条件中,热量与水分的影响更为直接。在热量条件中,用积温表示总热量,用平均气温、极值等表示农业气候界限条件,用不同界限温度期间的日数表示生长期长短等;水分条件用降水量、盈亏量、干燥度、土壤水分分量等划分气候类型的界限。确定气候区划指标是根据选用的农业气候区划因子制定出反映农业与气候关系的指标,建立指标系统,确定区划的界限值,不同的区划方法、对象、物种有不同的指标。

通过查阅大量相关文献,并根据武永利、王志伟、张建新等多年的农业气象研究,结合承担的相关科研项目,根据山西灾害发生的实际情况形成了山西主要灾害农业气候区划指标库(如表 1 所示)。

表 1　多种灾害指标公式及内涵

指标名称	公式	内涵	等级划分
干旱	$K=R/0.2\sum t$ 其中,K 为年湿润指数, R 是年降水量, $\sum t$ 是大于 0℃ 的年积温, 系数 0.2 是根据灌溉试验资料确定。	K 值越小干旱越严重。$K=1.0$ 表示农业水分供需平衡;$K>1.0$ 表示水分供大于求;$K<1.0$ 表示水分不足引起干旱。	$K\geqslant1.00$　无旱 $K=0.76\sim0.99$ 轻旱 $K=0.51\sim0.75$ 中旱 $K\leqslant0.50$ 重旱
霜冻	$F=\dfrac{N}{365-N}\times f_y$ 其中,F 指的是霜冻指数, N 指的是年霜冻日数, f_y 指的是霜冻的发生频率。	F 值越大,霜冻发生程度越重。F 值介于 0.1~1.0 之间。	$F<0.1$　无霜冻 $0.1\leqslant F<0.6$ 轻霜冻 $0.6\leqslant F<0.8$ 中霜冻 $0.8\leqslant F<1.0$ 较重霜冻 $F\geqslant1.0$ 重霜冻
低温冷害	$R=T_{5-9}-\sum T_{5-9}$ 其中,R 为逐年的 5—9 月平均温度和与历年同期温度和之差,T_{5-9} 为 5—9 月平均温度和,T_{5-9} 为历年 5—9 月平均温度和。	R 值越小,低温冷害越严重。R 值介于 -3.3~-1.3 之间。	$R>-1.3$ 无 $-2.3<R\leqslant-1.3$ 一般 $-3.3<R\leqslant-2.3$ 中度 $R\leqslant-3.3$　重度

续表

指标名称	公式	内涵	等级划分
高温热害	$TH = TH_1 \cdot F_1 \cdot 1 + TH_2 \cdot F_2 \cdot 1.2 + TH_3 \cdot F_3 \cdot 1.4$ 其中，H 表示高温热害指数，H_1、H_2、H_3 表示轻度、中度、重度高温热害发生次数，F_1、F_2、F_3 表示轻度、中度、重度高温热害发生频率，1、1.2、1.4 分别表示轻度、中度、重度高温热害的权重。	TH 值越大，高温热害越严重。轻度，日最高温度≥35℃持续 1～3 天；中度，持续 4～6 天；重度，持续 7 天以上。	$TH<0.1$ 无害 $0.1≤TH<0.5$ 轻度 $0.5≤TH<0.8$ 中度 $0.8≤TH≤1.0$ 重度

在指标建立基础上，根据山西省的气候特点与地形特征，对山西省气候资源要素值（包括经度、纬度、海拔高度、坡度、坡向等）进行小网格推算，利用多元线性回归法建立气象台站的观测网点数据与地理信息数据的空间分析模型[14,15]，从总体上拟合了山西省各气候资源要素的空间分布，但由于受地形起伏变化大、观测资料的代表性不足等问题的影响，各灾害指标要素的总体拟合精度需要通过残差订正进行进一步提高[16]。为了提高拟合精度，有必要对各气候资源要素的残差部分进行空间内插，用于订正气候资源网格数据。利用 IDL 提供的克里金插值方法，将灾害指数残差 yg 内插到 90 m×90 m 的网格上，此分辨率与 DEM 相同，即获得了灾害指数要素残差的栅格图。将此图与小网格推算模型所计算的灾害区划图相叠加，可以得到经过订正后的灾害气候区划分布图。区划的技术方法示意如图 1 所示。

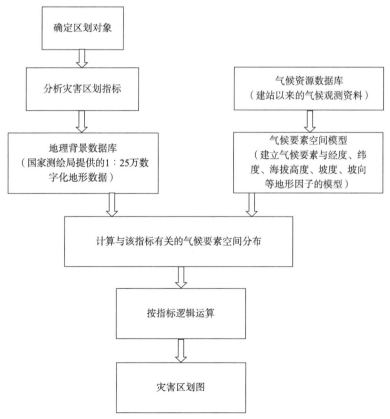

图 1　基于 GIS 技术的主要灾害区划流程图

3 结果与分析

3.1 干旱

通过计算干旱指数,运用 GIS 软件绘制干旱区划图,结果表明,山西省干旱发生区域主要分布在我省中部一雁行排列的断陷盆地,包括忻定原盆地、太原盆地、临汾盆地和运城盆地(具体见图 2a)。轻旱区($0.76 < K \leqslant 0.99$)的面积为 56599.6 km²,占全省总面积的 35.4%,主要分布在我省除大山脉外的大部分地区;中旱区($0.51 < K \leqslant 0.75$)和重旱区($K \leqslant 0.50$)的面积分别为 56299.1 km² 和 10050.0 km²,占全省总面积的 35.2% 和 6.3%,主要分布在大同南部、朔州中部、晋中中部、临汾南部和运城北部。该结果与周晋红等对山西干旱空间分布特征的研究结果一致[2]。

3.2 霜冻

通过计算霜冻指数,运用 GIS 软件绘制霜冻区划图,结果表明,山西省发生霜冻的区域主要分布在北中部大部地区(具体见图 2b)。轻霜冻区的面积为 45628.5 km²,占我省总面积的 28.6%,主要分布在我省南部的晋城和运城大部,临汾和长治部分,中部吕梁、太原和阳泉等地。中霜冻区面积为 52187.8 km²,占我省总面积的 32.7%,主要分布在我省长治大部,太原和晋中南部,以及临汾东部山区等地。较重霜冻区和重霜冻区面积分别为 45911.6 km² 和 16018.4 km²,占我省总面积的 28.7% 和 10.0%,主要分布在我省北部大部,以及中部高海拔地区等地。该结果与李芬等对山西霜冻的时空分布特征的研究结果一致[3]。

3.3 低温冷害

通过计算低温冻害指数,运用 GIS 软件绘制低温冷害区划图,结果表明,山西省低温冻害的发生区域主要分布在我省中北部地区(具体见图 2c)。一般低温冷害区和中度低温冷害区面积分别为 82578.9 km² 和 20190.9 km²,占我省总面积的 51.7% 和 12.6%,主要分布在中南部大部和北部的西北地区。较重和重度低温冷害区的面积分别为 2845.3 km² 和 725.4 km²,分别占我省总面积的 1.8% 和 0.5%,主要分布在忻州的繁峙和五台一带。低温冷害发生程度由南向北呈不断增加之势,以北部的五台、繁峙地区为最。该结果与孟万忠等对山西低温冷害空间分布特征的研究结果基本一致[4]。

3.4 高温热害

通过计算高温热害指数,运用 GIS 软件绘制高温热害区划图,结果表明,山西省高温热害的发生区域主要分布在临汾和运城地区(具体见图 2d)。中度和重度高温热害区的面积分别为 5894.3 km² 和 12471.2 km²,共占全省总面积的 11.5%,其余大部分地区无高温热害。该结果与山西省近 30 年的气象资料统计结果相一致。

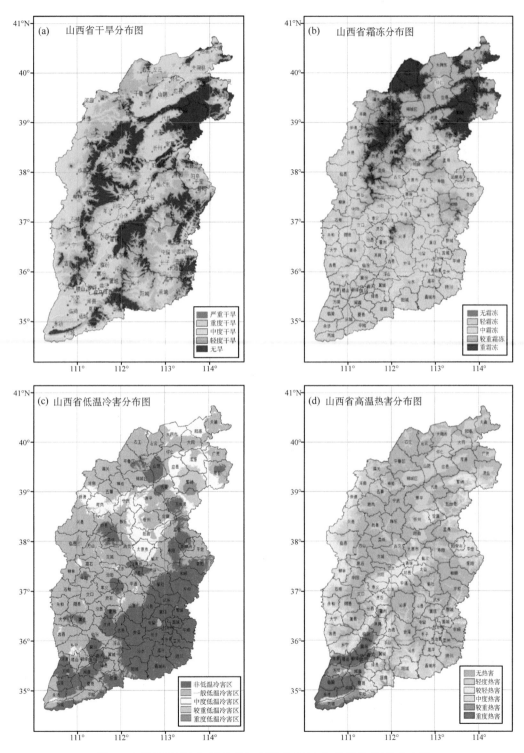

图 2　山西省干旱(a)、霜冻(b)、低温冷害(c)和高温热害(d)分布图

4　结论和讨论

（1）指标选取更为合理。本文的干旱指标[17~19]、霜冻指标[20~22]、低温冷害指标[23~25]和高温热害指标[26~28]，都是在别人研究成果的基础上，结合山西本地实际情况和农业气象专家的实践经验，通过建议、讨论和筛选得到，这些指标可以更为合理地反映山西的实际情况。

（2）区划结果更为精细合理。通过计算灾害指数，绘制区划图，得到了山西省干旱、霜冻、低温冷害、高温热害这四种灾害的空间分布特征，统计了不同程度灾害发生的面积和范围。该结果与前人的研究成果基本一致。该研究结果将网格降低到了 90 m×90 m 的格点上，区划结果更为精细，所提供的细线条区划图，对各地农业生产发挥区域气候优势、趋利避害、减轻气象灾害损失、提高资源整体效益具有重要意义。其成果将为我省各级政府分类指导农业生产、农业结构调整和社会主义新农村建设提供决策支持。

不足之处。本研究对不同气候要素使用相同的影响因子及插值方法，若根据气候要素的特点加入不同因子（气温模型中加入地表覆盖状况、日照模型中加入地形遮蔽等）或选择不同的空间插值方法，或许会取得更好的精度。

参考文献

[1]　王春乙,娄秀荣,王建林.中国农业气象灾害对作物产量的影响.自然灾害学报,2007,16(5):37-43.

[2]　周晋红,李丽平,秦爱民,等.山西气象干旱指标的确定及干旱气候变化研究.干旱地区农业研究,2010,28(3):241-246.

[3]　李芬,张建新,闫永刚,等.山西近 50 年初霜冻的时空分布及其突变特征.中国农业气象,2012,33(3):448-456.

[4]　孟万忠,刘晓峰,王尚义,等.1949—2000 年山西高原低温冷害特征及小波分析.中国农学通报,2012,(12):112-115.

[5]　包云轩,王莹,高苹,等.江苏省冬小麦春霜冻害发生规律及其气候风险区划.中国农业气象,2012,33(1):134-141.

[6]　王志春,杨军,姜晓芳,等.基于 GIS 的内蒙古东部地区玉米低温冷害精细化风险区划.中国农业气象,2013,34(6):715-719.

[7]　罗培.基于 GIS 的重庆市干旱灾害风险评估与区划.中国农业气象,2007,28(1):100-104.

[8]　张洪玲,宋丽华,刘赫男,等.黑龙江省暴雨洪涝灾害风险区划.中国农业气象,2012,33(4):623-629.

[9]　温华洋,田红,唐为安,等.安徽省冰雹气候特征及其致灾因子危险性区划.中国农业气象,2013,34(1):88-93.

[10]　杨益,陈贞宏,王满宇,等.基于 GIS 和 AHP 的潍坊市冰雹灾害风险区划.中国农业气象 2011,32(增1):203-207.

[11]　蔡大鑫,张京红,刘少军.海南荔枝产量的寒害风险分析与区划.中国农业气象,2013,34(5):595-601.

[12]　于飞,谷晓平,罗宇翔,等.贵州农业气象灾害综合风险评价与区划.中国农业气象,2009,30(2):267-270.

[13]　Rabus B,Eineder M,Roth A,et al. The shuttle radar topography mission:a new class of digital elevation model acquired by spaceborne radar. *ISPRS Journal of Photogrammetry and Remote Sensing*,2003,57(4):241-262.

［14］ 吴文玉,马晓群.基于 GIS 的安徽省气温数据栅格化方法研究.中国农学通报,2009,**25**(02):263-267.

［15］ 郭兆夏,朱琳,杨文峰.应用 GIS 制作《陕西省气候资源及专题气候区划图集》.气象,2001,**27**(5):47-49.

［16］ 刘静,马力文,周惠琴,等.宁夏扬黄新灌区热量资源的网格点推算.干旱地区农业研究,2001,**19**(3):64-71.

［17］ 王密侠,马成军,蔡焕杰.农业干旱指标研究与进展.干旱地区农业研究,1998,**16**(3):119-124.

［18］ 袁文平,周广胜.干旱指标的理论分析与研究展望.地球科学进展,2004,**19**(6):892-991.

［19］ 朱自玺,刘荣花,方文松,等.华北地区冬小麦干旱评估指标研究.自然灾害学报,2003,**12**(1):145-150.

［20］ 李茂松,王道龙,钟秀丽,等.冬小麦霜冻害研究现状与展望.自然灾害学报,2005,**14**(4):72-78.

［21］ 冯玉香,何维勋,孙忠富,等.我国冬小麦霜冻害的气候分析.作物学报,1999,**25**(3):335-340.

［22］ 钟秀丽,王道龙,赵鹏.黄淮麦区小麦拔节后霜冻的农业气候区划.中国生态农业学报,2008,**16**(1):11-15.

［23］ 李祎君,王春乙.东北地区玉米低温冷害综合指标研究.自然灾害学报,2007,**16**(6):15-20.

［24］ 王远皓,王春乙,张雪芬.作物低温冷害指标及风险评估研究进展.气象科技,2008,**36**(3):310-317.

［25］ 马树庆,袭祝香,王琪.中国东北地区玉米低温冷害风险评估研究.自然灾害学报,2003,**12**(3):137-141.

［26］ 李丽.韶关市高温天气统计分析和 ARIMA 模型预测.广东气象,2004,**26**(3):1-3.

［27］ 张晓丽,孙晓铃,曾汉溪.不同地点不同下垫面的高温特征及预警信号发布.广东气象,2006,**28**(3):34-37.

［28］ 黄义德,曹流俭,武立权,等.2003 年安徽省中稻花期高温热害的调查与分析.安徽农业科学,2004,**31**(4):385-388.

长序列卫星遥感洞庭湖数据集建立和应用

邵佳丽　郑　伟　刘　诚　赵长海

（国家卫星气象中心，北京 100081）

摘　要：长序列卫星遥感湖泊水体专题数据集是卫星遥感决策服务专题信息数据库建设主要内容之一。在中国气象局项目的支持下，提取了 1989—2012 年洞庭湖、鄱阳湖等重点湖泊水库水体信息，实现了对这些区域水体信息的添加入库、查询和检索，可及时为决策服务部门提供气象卫星监测信息。本文以洞庭湖为例，阐述了洞庭湖长序列卫星遥感水体信息提取和数据集的建立，以及利用该数据集进行洞庭湖水体时空分布特征分析和对 2006 年汛期干旱个例的应用，并介绍通过对卫星遥感洞庭湖水体面积与水位定量关系分析，建立了洞庭湖水体面积与城陵矶实测水位的拟合公式，相关性很好，这些研究结果可为卫星遥感监测洞庭湖水体面积提供参考，尤其对多云雨天气下的监测具有指导意义。

关键字：长序列；湖泊；洞庭湖；气象卫星；水位

1　引言

气象卫星在气象灾害监测中一直发挥着十分重要的作用，气象卫星应用分析产品一直是决策气象服务的重要资料来源之一。气象卫星具有观测信息客观、覆盖范围大、频次密集、时间序列长、产品精度较高等特点，在灾情监测、预测、评估中可以发挥重要作用。近年来，气象卫星多次在重大天气灾害、异常天气事件以及应对气候和环境变化方面较好地提供了反映灾情程度、特点、范围等方面的宏观信息，对决策部门提供了一定的参考依据和支持，得到决策服务部门的重视。但从总的情况看，卫星资料在决策服务中所发挥的作用与实际要求还有距离，如在近年来备受关注的气候变化和极端气候事件应急响应方面的应用尤显不足。主要表现在：响应时效慢，资料的时间序列短，精度不够高，不足以反映事件的程度和范围等特点，这些不足不但影响了气象卫星资料在决策服务中有关气候方面的应用，也影响了气象卫星在气象部门作用的深入发挥。国家卫星气象中心积累了自 1989 年以来的较长序列的原始卫星数据，这些数据对于分析、评估各类气候变化影响及灾情，形成规范、连续和统一的气象灾害和环境变化监测业务，有着十分重要的意义。在已有的气象卫星长时间序列历史资料基础上，提取积雪、水体、火点、海冰等有关决策服务应用的专题信息，建立了卫星遥感决策服务专题信息数据库，为中国气象局决策服务部门提供及时有效的气象卫星长时间序列监测和统计信息。

长序列卫星遥感湖泊水体专题数据集是卫星遥感决策服务专题信息数据库建设主要内容之一。提取了 1989 年—2008 年洞庭湖和鄱阳湖空间分辨率为 1 km 的水体信息，以及 2000—2012 年的洞庭湖、鄱阳湖、丹江口水库、密云水库和官厅水库空间分辨率为 250 m 的水体信息,实现了对这些区域水体信息的添加入库、查询、检索和更新。本文将以洞庭湖区为例,阐述洞庭湖长序列卫星遥感水体信息的提取和数据集的建立,以及该数据集的应用情况。

2 洞庭湖数据集建立

2.1 数据情况

洞庭湖为中国第二大淡水湖,是长江中游重要吞吐湖泊,洞庭湖的存在和稳定,对于缓解长江中游地区洪涝灾害,减小长江干流的冲淤变迁,维系地区的洪水蓄泄和泥沙的冲淤平衡,具有不可替代的作用[1]。选取的研究区以洞庭湖主湖区为主。为了保证水体信息的完整性和时间连续性,通过 1989—2012 年的卫星晴空影像分析,选取多种卫星数据,包括 NOAA/AVHRR,EOS/MODIS 和 FY-3/MERSI 卫星资料。本次共利用近 500 景气象卫星影像,研究数据全部来自国家卫星气象中心。

2.2 技术方法

卫星遥感技术在水体监测方面应用广泛,且长时间序列卫星数据在湖泊水体监测、变化趋势等方面的研究具有重要意义。近年来许多专家学者利用长时间序列遥感数据对湖泊水体变化进行了分析研究,并取得很多成果。冯钟葵等[2]运用 Landsat-5 卫星影像对青海湖近 20 年的水域面积变化进行监测;刘瑞霞等[3]运用 NOAA/AVHRR 资料对青海湖近 20 年水体面积的变化趋势进行了定量化估算与分析。赵玉灵[4]应用 GIS 技术结合 MSS,TM,ETM＋和 CBERS-2 遥感影像数据对安固里淖湖近 30 年的水体分布变化进行监测研究;李景刚等[5]运用 Terra/MODIS 数据对洞庭湖区 2000 年 3 月至 2008 年 12 月间水面面积的变化特征和趋势进行了监测分析。本文运用 1989—2012 年的气象卫星资料提取洞庭湖水体信息,建立长时间序列水体信息数据集,研究洞庭湖在近 20 年间水体面积变化特点。

针对长时间序列卫星遥感数据水体提取中大气状况复杂,数据种类多的特点,提出利用单通道阈值法、多通道运算法和人机交互修正的综合水体信息提取法,以保证数据集时序的完整。水体信息提取流程如图 1 所示。

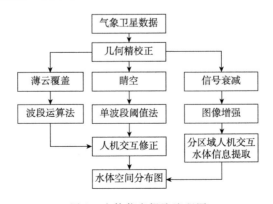

图 1　水体信息提取流程图

对于晴空数据,水体判识可根据近红外波段资料水陆边界明显的特点,以近红外通道为主,可以清楚地识别地表水体,以人机交互方式确定水体判识的反射率阈值。对于薄云影响下的图像,可以通过近红外通道和红通道的比值运算,再通过设置阈值提取水体信息。由于卫星传感器在轨运行时间长,信号衰减使得图像反映的地表信息模糊不清楚的情况,要对数据进行增强处理,再通过人机交互进行水体信息提取。

利用同时期多景 Landsat/TM 数据提取水体面积作为标准对提取水体进行验证,经过分析气象卫星提取水体的精度在 90% 以上,满足长序列卫星遥感监测湖泊应用的要求。

为解决 1km 和 250m 分辨率提取水体信息存在空间尺度差异问题,选取 2000—2008 年 50 景相近时间过境的不同分辨率数据提取的水体面积建立定量关系(式(2.1)和图2):

$$Y = 1.0118 \times X + 24.57 \tag{2.1}$$

其中 X 表示 1 km 分辨率遥感监测面积,Y 表示 250 m 分辨率遥感监测面积,两者相关系数为 0.96,根据这一关系将 1 km 分辨率数据提取的面积进行了修正。

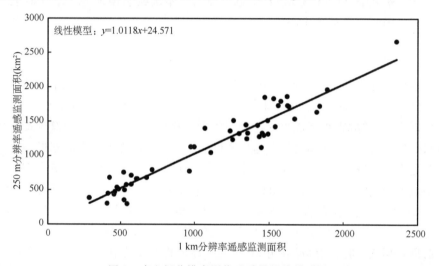

图 2　多空间分辨率影像重采样相关关系图

在以上数据和方法的基础上,提取了 1989 年—2008 年洞庭湖 1 km 空间分辨率和 2000—2012 年洞庭湖 250 m 空间分辨率的水体信息。在进行 1989—2012 年历史资料分析时,1999 年前使用的是修正后的 1 km 空间分辨率的数据,2000 年后使用的是 250 m 空间分辨率的数据。

3　洞庭湖数据集的应用

3.1　水体时空分布特征分析

从 1989—2012 年逐月洞庭湖水体面积变化监测结果(图 3)中可知,洞庭湖水体面积变化季节性特征明显,在枯水期 11 月—次年 4 月间洞庭湖水体面积相对较小,而汛期 5—10 月期间水体面积较大,特别是每年的主汛期 7—9 月面积最大,平均面积在 1800 km² 左右,是枯水期的 3 倍。其中 1996 年 8 月监测到的湖体面积最大,接近 3200 km²,洞庭湖湖区的水体面积空间分布季节性变化特征十分明显,基本上是在汛期沿主水体扩张,在枯水期呈条带状分布。这种季节性变化的特征主要与洞庭湖流域降水的年内分布规律及长江主汛期的影响有关。且从图中分析洞庭湖的水体面积总体表现为缓慢下降的趋势。进一步分析可知,1)1996,1998,1999,2002 年最大水体面积都超过 2500 km²,特别是 1996 年的最大水体面积在 3000 km² 以上,有 3 个月的时间水体面积均值在 2500 km² 以上,这是因为 1996 年洞庭湖流域发生了大范围持续性暴雨天气导致整个湖区发生了特大洪涝灾害[6]。2)1994,2006,2008,2009,2011 年全年最大水体面积在 1500km² 以下,这与这几年在汛期发生严重干旱事件相符。持续时间长是洞庭湖区旱涝发生的一个重要特征[7],2003 年 12 月—2004 年 2 月,2006 年 11 月—2007 年 5 月,2007 年 10 月—2008 年 3 月,2010 年 1 月—3 月,2010 年 12 月—2011 年 3 月水体面积持续在 500km² 以下,这与洞庭湖区发生持续性的大旱完全吻合。

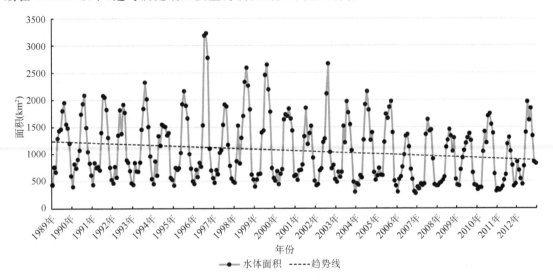

图 3   1989—2012 年逐月遥感监测洞庭湖最大水体面积变化曲线

3.2   2006 年汛期干旱对洞庭湖水体影响分析

干旱是因为降水偏少、水分短缺所造成的一种自然现象[8]。洞庭湖区由于其特定的环境,不但洪涝灾害发生频繁,而且局地性或全湖区性的旱灾也时有发生,尤其是进入 21 世纪以来,农业旱灾时常发生。据湖南省水旱灾害编辑部和湖南省防汛抗旱指挥部办公室 1951—2007 年湖南旱灾统计资料分析表明:除 2004 年只有益阳市少部分县市区发生了轻度旱灾外,其余的 2000,2001,2002,2003,2005,2006,2007 年均发生了全湖区性不同程度的旱灾。其中,2006 年灾情较重,属于夏秋连旱,干旱高峰期发生在洞庭湖的主汛期(7—8 月),干旱使得周边的岳阳市、常德市、益阳市损失惨重。

从数据集中选取洞庭湖 2006 年逐月最大水体面积与历年各月最大平均水体面积值进行了对比(图 4)。从图中得知:2006 年各月的最大水体面积都小于历年各月最大平均面积,特别是从 7 月—12 月,水体面积与历年平均相比少了近五成。

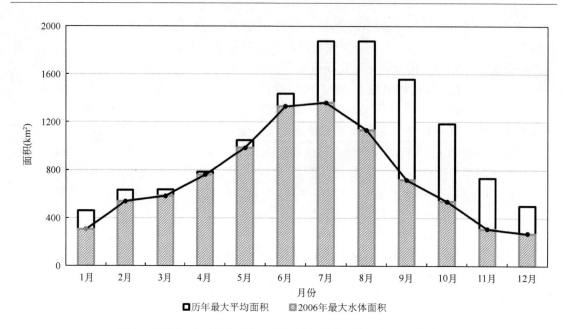

图 4　逐月 2006 年最大水体面积与历年最大平均面积对比统计图

　　由湖区降水持续偏少和高温造成的大范围干旱对洞庭湖水体面积异常缩小的影响十分明显。根据李景保等[9]对 2006 年洞庭湖区的降水量分析发现,2006 年雨量偏少幅度明显,4—9月份降水量岳阳、常德、益阳较历年同期均值分别偏少 16％,23％,31％。与此同时,7—9 月份在 35℃以上的高温天气持续时间长,蒸发量大于降雨量。如,益阳市南县 2006 年 1—10 月累计降雨量为 878.1 mm,较多年同期均值 1160.7 mm 减少 282.6 mm,即偏少 24.3％。其中7—9 月降雨量为 251.2 mm,较历年同期均值偏少 25.1％,而同期蒸发量达 392.6 mm,比同期降雨量大 141.4 mm。

　　选取 2006 年和 2005 年(汛期与历年平均值持平)8 月下旬同期的水体监测图进行对比(图 5),图中可见,2006 年 8 月下旬汛期洞庭湖水体面积比 2005 年明显偏小;从 2006 年和2005 年 7—9 月水位和水体面积对比图(图 6)中,发现 2006 年 8—9 月的水体面积都比 2005年同期平均小将近 1000 多 km²,同样从城陵矶水位数据发现 2006 年水位比 2005 年同期低很多,从这些数据可获知,2006 年洞庭湖区汛期 7—9 月出现的严重干旱造成湖泊水体面积明显减小。

3.3　卫星遥感水体面积与水位的关系

　　目前通过卫星光学仪器遥感获取地面目标影像有一定的局限性,会受到云雾等因素的干扰,这对于多云雨天气的汛期水体面积监测更为不利。建立水体面积与水位之间的关系,通过水位预估水体面积,将为遥感水体面积监测提供重要参考与补充。面积—水位关系曲线是描述水体(湖泊)的水力学特征和兴利功能最重要的指标之一。彭定志等[10]研究了 2002 年洞庭湖的遥感监测水体面积与城陵矶水文站水位的关系;李辉等[11]利用 2001 年鄱阳湖遥感监测水体面积与湖口水文站水位的关系曲线,宋求明等[12]通过遥感影像提取洞庭湖水面面积,建立了 2003 年—2006 年湖区面积与多个单一站点水位间的关系曲线。这些研究均表明湖泊水位与水体面积有较好的相关性。

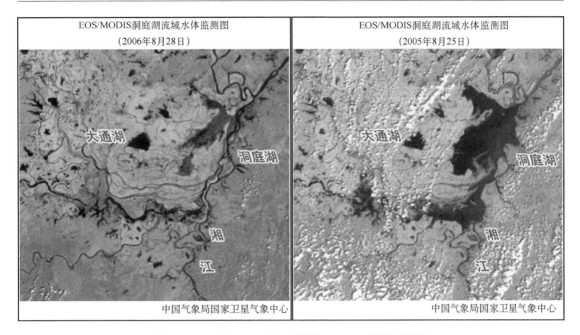

图 5　2006 年与 2005 年 8 月同期 MODIS 影像监测图

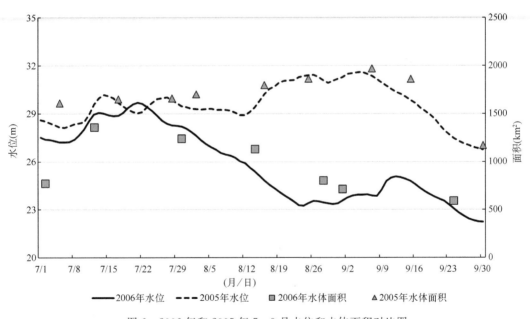

图 6　2006 年和 2005 年 7—9 月水位和水体面积对比图

　　本文通过提取的水体面积,结合同时期的城陵矶水位实测数据,建立洞庭湖区水体面积—水位相关关系模型(图 7)。采用统计分析方法进行数据拟合,建立了 3 种不同的水位关系模型:线性、二次、指数模型,从式中可知三种模型中,二次模型的相关系数最高,相关系数为 0.93,指数模型次之,三种模型的相关系数都在 0.92 以上,均具有较好的相关性。本次使用二次模型进行拟合(图 8),从图中可知,在水体面积极低时存在一定偏差,而面积处于中等水平时拟合得最好。这可能是由于洞庭湖在低水位时,沿程比降较大[10],测站水位代表洞庭湖整个湖区面积效果不好较大造成的。

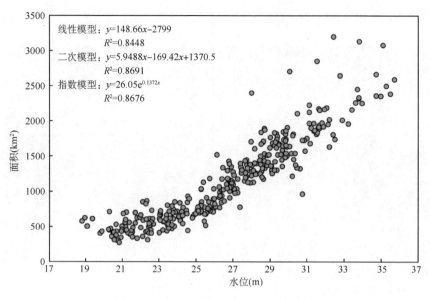

图 7　遥感监测水体面积—水位关系图

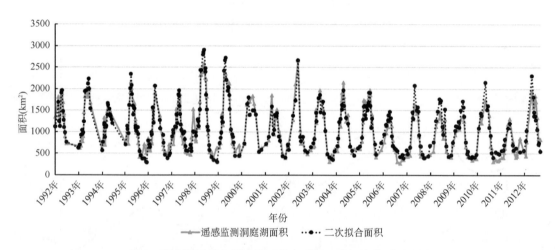

图 8　洞庭湖遥感监测水体面积序列与二次拟合序列对比图

4　结论和讨论

（1）利用综合水体信息提取法，提取了 1989 年—2012 年主要湖泊水库的水体信息，利用较高分辨率的 TM 影像数据进行了验证，精度达到 90％以上。

（2）洞庭湖湖区的水体面积空间分布季节性变化特征十分明显，基本上是在汛期沿主水体扩张，在枯水期呈条带状分布。

（3）洞庭湖水体面积与水位存在较好的定量关系，基本能够满足在云层覆盖情况下，利用水位对湖体面积进行估算的需求。

参考文献

[1] 李景刚,李纪人,黄诗峰,等.2009.Terra/MODIS 时间序列数据在湖泊水域面积动态监测中的应用研究——以洞庭湖地区为例.自然资源学报,24(5):923-933.

[2] 冯钟葵,李晓辉.2006.青海湖近 20 年水域变化及湖岸演变遥感监测研究.古地理学报.8(1):131-141.

[3] 刘瑞霞,刘玉洁.2008.近 20 年青海湖湖水面积变化遥感.湖泊科学.20(1):135-138.

[4] 赵玉灵.2009.近 30 年来安固里淖湖面监测与变化分析.地球信息科学学报.11(3):312-318.

[5] 李景刚,李纪人,黄诗峰,等.2010.近 10 年来洞庭湖区水面面积变化遥感监测分析.中国水利水电科学研究院学报.8(3):201-207.

[6] 李景保,王克林,杨燕,等.2008.洞庭湖区 2000 年~2007 年农业干旱灾害特点及成因分析.水资源与水工程学报.19(6):1-5

[7] 李景刚,李纪人,黄诗峰,等.2010.基于 TRMM 数据和区域综合 Z 指数的洞庭湖流域近 10 年旱涝特征分析.资源科学.32(6):1103-1110.

[8] 张利平.1998.干旱的含义及干旱指标的探讨.水文水资源.19(1):33-35.

[9] 李景保.1998.洞庭湖区 1996 年特大洪涝灾害的特点与成因分析.地理学报.53(2):166-173.

[10] 彭定志,徐高洪,胡彩虹,等.2004.基于 MODIS 的洞庭湖面积变化对洪水位的影响.人民长江.35(4):14-16.

[11] 李辉,李长安,张利华,等.2008.基于 MODIS 影像的鄱阳湖湖面积与水位关系研究.第四纪研究.28(2):332-337.

[12] 宋求明,熊立华,肖义,等.2011.基于 MODIS 遥感影像的洞庭湖面积与水位关系研究.节水灌溉.6:20-23.